L'avion pour les trouillards

Petit guide des sciences en vol

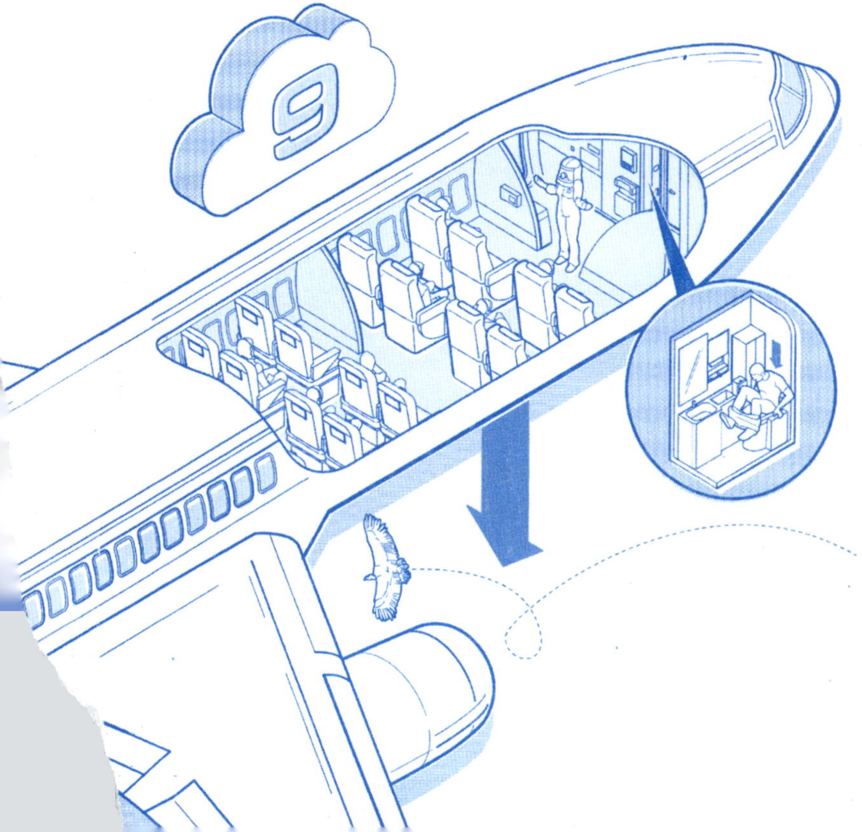

L'avion pour les trouillards

Petit guide des sciences en vol

Brian Clegg

edp sciences

17, avenue du Hoggar – P.A. de Courtabœuf
BP 112, 91944 Les Ulis Cedex A

Illustration de couverture : Thomas Haessig

Édition originale : *Inflight Science*, published in 2011 by Icon Book Ltd.

Traduction : S. Mimène/S. Rescan
Adaptation française : F. Citrini

Mise en pages : Patrick Leleux

Imprimé en France
ISBN : 978-2-7598-0824-3

Sommaire

À l'aéroport

L'envol

L'exploration du paysage

Au-dessus des nuages

La vie en cabine

La technologie à bord

La vue au loin et le retour sur Terre

À l'aéroport

La longue attente au terminal

Vous êtes assis dans le terminal, et vous attendez votre vol. Un mélange d'émotions contradictoires vous envahissent et rivalisent pour capter votre attention : l'ennui, l'excitation, ou même la peur. L'ennui l'emporte souvent.

Cependant, même si vous êtes un voyageur chevronné, il y a quelque chose de spécial dans le fait de voler, une **excitation** souvent causée par les vapeurs de kérosène sur le tarmac ou par le bruit du moteur de l'avion qui démarre. Il y a aussi un peu de **peur**, car peu importe à quel point on aime voler, il est toujours contre nature de rester suspendu à dix kilomètres au-dessus du sol, dans un tube en métal et en plastique, avec la science et la technologie comme seuls filets de sécurité.

Bien que voler soit probablement le moyen le plus rapide pour rejoindre une destination lointaine, cela implique souvent beaucoup d'attente.

Si vous n'aimez pas voler, ce qui est mon cas, la science peut vous aider par le biais de quelques statistiques rassurantes. La **probabilité** de mourir dans un crash sur une année est d'une sur 125 millions. Ce qui rend l'avion trois fois moins dangereux que le train pour un trajet donné, et depuis quand avez-vous peur de prendre le train ? Ce même risque pour un trajet en voiture est d'un sur 10 millions, soit douze fois plus.

Vous avez plus de chances d'avoir un accident mortel en passant six heures sur votre lieu de travail que lors d'un voyage de six heures en avion.

Voilà tout ce que les statistiques vous apportent pour vous rassurer, voler reste donc un moyen très sûr pour rester en vie !

Bien que nous nous concentrerons sur ce que vous allez voir et ressentir à bord de l'avion, il est néanmoins fort probable que l'ennui vous assaille lors de votre attente dans le terminal. Vous ne pouvez faire qu'un certain nombre de visites au duty free avant d'en avoir fait le tour, et boire un nombre limité de cafés. Intéressons-nous donc brièvement à la technologie de pointe que vous pourrez voir au sol avant de vous envoler.

Un aéroport divisé

Les aéroports établissent une division très stricte entre le sol et l'air. Pour passer de l'un à l'autre, et à plus forte raison lors d'un vol international, vous devrez passer par un **barrage technologique** destiné à vous identifier et à vérifier que vous ne transportiez rien de dangereux. Si les compagnies aériennes y étaient autorisées, elles vous pèseraient également au passage, ce qui était le cas au début de l'aéronautique. Le **poids** est un élément crucial dans le chargement d'un avion. Les compagnies aériennes doivent, cependant, se contenter d'estimations moyennes de charges pour mesurer le poids total des passagers y compris leurs effets.

ANECDOTES

Se baser sur des estimations de poids a déjà provoqué des difficultés. Un avion partant d'un aéroport allemand a eu bien du mal à quitter la piste de décollage et peina à s'arracher aux forces de la gravité. On découvrit plus tard, qu'il y avait une foire numismatique dans la ville, et nombreux étaient des passagers collectionneurs qui avaient rempli leurs poches de leurs nouvelles acquisitions, de peur de se les faire voler dans leurs bagages. En raison de toute cette monnaie imprévue, le poids des passagers était bien au-dessus de la moyenne calculée. Ajouté à celui de l'avion, il y avait une telle surcharge que celui-ci ne répondit pas comme les pilotes le voulaient, ce qui fut à l'origine de quelques frayeurs lors du décollage.

Le contrôle des bagages

Votre première rencontre avec la technologie sera sûrement avec les appareils à **rayons X**. Vos bagages à mains seront mis sur un tapis roulant qui leur fera traverser une puissante machine à rayons X.

HISTOIRE

*Le nom de « rayon X » ne vient pas d'une convention d'appellation scientifique, mais tout simplement du fait que lorsque Wilhelm Roentgen découvrit des rayons capables de passer à travers des objets solides, il les nomma rayons X (*X-Strahlen *en allemand) pour montrer à quel point ils étaient inconnus et mystérieux. Ils furent officiellement rebaptisés rayons de Roentgen, mais tout le monde préférait le surnom que Roentgen leur avait donné, et il s'imposa.*

En réalité, les rayons X ne sont pas si mystérieux que ça, ils ne sont ni plus ni moins que de la **lumière**, une lumière bien en dehors du spectre perceptible par l'œil humain. Toute lumière est une « radiation électromagnétique », une interaction particulière entre l'électricité et le magnétisme qui se décline en une gigantesque variété de « couleurs ».

Outre la lumière, il y a les ondes radio, les micro-ondes, les infrarouges, les ultraviolets, les rayons X et les rayons gamma. Tous sont semblables mais avec différentes **quantités d'énergie** (voir illustration page suivante). On sait maintenant que la lumière est composée de particules appelées photons (nous y reviendrons plus tard). Les **photons** des rayons X possèdent bien plus d'énergie que ceux de la lumière visible. Si vous préférez voir la lumière comme une onde, alors les rayons X ont une longueur d'onde (la distance parcourue par l'onde pour faire une vague complète) plus courte que la lumière visible.

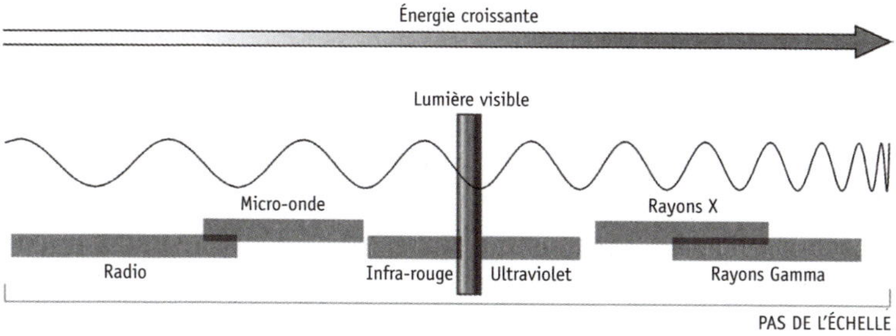

Figure 1 | Le spectre électromagnétique : le petit segment au milieu correspond à la lumière visible.

Quand de la lumière ordinaire atteint un objet non transparent comme une valise, les photons de la lumière sont **absorbés**. Cela est dû au fait que l'énergie du photon est « aspirée » par une des particules constituant la valise. Tous les objets que nous voyons autour de nous sont faits d'**atomes**, et chaque atome est constitué d'une petite partie centrale, le noyau, qui représente 99 % de sa masse totale, entouré d'un nuage de particules appelées électrons. Quand un photon de lumière rencontre un électron, ce dernier peut consommer l'énergie du photon. L'électron s'agite alors avec plus d'énergie qu'il n'en avait au départ.

PHYSIQUE

Ce processus d'absorption, ou de dégagement de l'énergie d'un photon par un électron, est appelé un saut quantique, défini comme un grand changement remarquable à l'échelle du noyau.

Une fois que l'électron a absorbé l'énergie du photon, il devient instable. Très vite, cette énergie supplémentaire sera dégagée sous la forme d'un nouveau photon, et l'électron retrouvera son niveau d'énergie initial. On ne sait pas dans quelle **direction** un photon donné sera envoyé, mais à un moment, certains se dirigeront vers vos yeux. Ce sont ces photons, émis par les électrons d'un objet, qui vous permettent de le voir.

Les rayons X sont également composés de photons, et comme toute autre forme de lumière, ils voyagent à **300 000 kilomètres par seconde**. Mais ces photons ont beaucoup plus d'énergie que ceux de la lumière ordinaire, ce qui leur permet de traverser les électrons des atomes d'un objet avec bien moins d'interactions. Cela veut dire que les rayons X peuvent **traverser** beaucoup de matière que la lumière ordinaire est incapable de pénétrer.

Lors du passage à travers la matière, les rayons X peuvent **endommager** les molécules constituant un objet (les molécules ne sont qu'un regroupement d'atomes reliés entre eux). Chaque cellule du corps humain contient d'énormes molécules d'**ADN** qui renferment les ordres de conduite des cellules. Si ces molécules, ou d'autres composants chimiques de la cellule, sont endommagés par l'impact des rayons X, les changements peuvent augmenter les probabilités de la survenue d'un cancer. C'est pourquoi, dans le milieu médical, ils sont à utiliser avec **précaution**, en doses réduites.

ANECDOTES

Avant les années 1960, ce danger était encore inconnu. De ce fait, il était possible, par exemple, de voir des machines à rayons X installées dans les magasins de chaussures, destinées à l'observation des os de vos orteils gigotant à l'intérieur de la chaussure.

Les objets inanimés sont moins susceptibles d'être endommagés, bien que les films photographiques peuvent être voilés, les machines à rayons X des aéroports étant plus puissantes que celles à usage médical. Ces gros **scanners** que l'on trouve maintenant dans les aéroports utilisent une grande gamme de rayons X, certains plus puissants que d'autres.

Après avoir traversé votre sac et son contenu, les rayons X atteignent des détecteurs qui fonctionnent selon le même principe qu'un **appareil photo numérique**. Il y a deux groupes de capteurs, l'un derrière l'autre, séparés par un bouclier en métal. Les rayons X plus faibles sont arrêtés par le bouclier en métal, et donc uniquement enregistrés par le premier groupe de capteurs, mais les plus puissants traversent ce bouclier et sont donc enregistrés par les deux groupes.

Cette différence entre les deux puissances de rayons X est utilisée pour produire des **images en plusieurs couleurs** sur l'écran de l'opérateur. Ainsi, on distinguera sur l'image, les matières « molles » comme les plantes, le plastique ou les explosifs, qui apparaissent généralement en orange à l'image, des matières moins pénétrables qui ne laissent passer que les rayons X les plus puissants, en vert. Cela a pour effet de donner plus de **profondeur** à l'image et de distinguer d'un coup d'œil, les différentes **matières présentes** dans votre bagage.

Sentir le danger

Il se peut également que vos sacs soient soumis au contrôle d'un **renifleur** recherchant des explosifs, à l'odeur. Comme beaucoup de matières, les explosifs sont, dans une certaine mesure, volatiles. En effet, certaines des molécules constituant les produits chimiques de l'**explosif**, s'évaporent à température ambiante et flottent dans l'air. À l'intérieur d'un solide ou d'un liquide, les molécules ne cessent de rebondir dans tous les sens, et certaines rebondissent avec plus d'énergie que d'autres et parviennent ainsi à s'échapper.

C'est le processus d'évaporation qui nous permet de sentir les choses, d'humer le bouquet d'un vin ou d'apprécier l'odeur du pain chaud. C'est aussi pourquoi une flaque d'eau finira par s'évaporer, même à température ambiante.

Parfois, un **chien** sera le renifleur. Il est probablement « l'outil » de haute technologie le plus ancien toujours en activité. Il peut paraître étrange de qualifier un chien de « technologie », pourtant, les chiens ont été sciemment sélectionnés par races pour des usages particuliers. Ils étaient la **première technologie autonome** : ils agissent seuls, contrairement à des appareils tout aussi anciens comme le biface qui fonctionnait à l'énergie humaine. De nos jours, les chiens ont une multitude d'affectations, du chien guide au chien de berger en passant par ceux à l'odorat extrêmement sensibles pouvant détecter la présence d'explosifs.

Bien sûr, la production de ce remarquable « outil » de technologie n'a pas été démarrée en ayant à l'esprit cette intention de créer un assistant aussi polyvalent. Il est même très probable que tout ai commencé par hasard, quand les **loups** se sont mis à vagabonder autour des campements humains. Bien que les loups ne méritent pas toute la mauvaise publicité qu'on leur fait, par exemple, ils n'attaquent que rarement les humains, ils auraient été des charognards gênants que l'homme aurait dû faire fuir pour les empêcher de voler les restes du produit de la chasse.

On peut facilement imaginer ces premiers pas timides qui éloignèrent le loup de son rôle d'ennemi. Peut-être était-ce lors d'une froide nuit d'hiver où un loup se serait glissé auprès du feu pour avoir chaud. Peut-être que lorsqu'il était là, un autre prédateur a attaqué le campement, et le loup, habitué à vivre en meute, a bondi au secours des **humains** et s'est battu à leurs côtés. Il fut récompensé par un bout de viande. Les louveteaux qui étaient plus dociles et plus aptes à s'intégrer dans une « meute » d'humains, ont sûrement été plus enclins à rester dans les parages et à être nourris et encouragés. Avec le temps, cette **sélection** devint préméditée et le chien moderne apparut progressivement.

Ce qui était jusque-là un processus naturel, s'est transformé en ingénierie génétique, comme n'importe quel champ d'OGM. Le chien n'est pas un **animal naturel**. Il est tout autant un produit issu de la technologie humaine qu'une table qui commença sa vie comme bout de bois « naturel ». Le chien est sans aucun doute l'une des créations les plus impressionnantes de nos lointains ancêtres. Oubliez Stonehenge, ce n'est qu'un joujou à côté, et bien que ce monument ait fourni des données astronomiques à quelques personnes, il n'a pas été utilisé pendant des millénaires ! Le chien est une technologie remontant à l'âge de pierre, développée 35 000 ans avant Stonehenge et toujours utilisée aujourd'hui, notamment dans les aéroports à travers le monde.

Les agents de sécurité peuvent aussi avoir recours à un **robot renifleur** qui décompose les éléments chimiques dans l'air à l'aide de l'un des nombreux procédés possibles, le plus fréquemment utilisé étant la chromatographie en phase gazeuse.

PHYSIQUE

Le robot renifleur est un système émettant un gaz qui fait remonter l'air le long d'un tube, le faisant passer par différentes milieux avec lesquelles les molécules de l'air peuvent ***interagir****. Des molécules distinctes s'accrochent à différentes matières à l'intérieur du tube, ce qui* ***sépare*** *les composants de l'odeur, et la machine peut ainsi rapidement produire un graphique montrant les matières reniflées. Chaque matière possède une «* ***signature*** *» reconnaissable à la forme du graphique.*

Leçon de détection

Pendant que vos bagages seront scannés, vous devrez passer sous l'une de ces arches intimidantes qui vous rendent nerveux et paranoïaque. Ce sont des détecteurs de **métaux**, dont la technologie est semblable aux modèles portatifs utilisés pour la chasse au trésor sur la plage, mais dans le but ici, de détecter du métal sur vous. Bien qu'il existe différentes variantes de cet instrument, tous utilisent le même procédé appelé **induction**.

Si vous possédez une **brosse à dents électrique** qui se recharge en la posant sur un socle en plastique sans connecteurs en métal apparents, alors vous avez chez vous un exemple concret d'appareil à induction.

HISTOIRE

L'idée de l'induction provient d'une découverte fondamentale faite par un grand scientifique de l'époque victorienne, Michael Faraday. Il découvrit que faire bouger un fil dans lequel passait de l'électricité, ou changer l'intensité du courant parcourant le fil, produit un champ magnétique. De la même manière, bouger ou changer le magnétisme fournit de l'électricité. C'est ainsi que les moteurs électriques et les générateurs fonctionnent.

Dans la brosse à dents, c'est une bobine de câble dans le chargeur qui envoie un champ magnétique variable qui induit un **courant** dans les câbles de la brosse. Le terme « électromagnétique » provient de la contraction des deux notions physiques « électricité » et « magnétisme » intervenant dans ce **phénomène**. Le « champ » en question est un champ de force. C'est un concept sorti de l'imagination de Faraday. Il avait vu que la limaille de fer posée sur une feuille de papier s'alignait quand on la mettait au-dessus d'un aimant et formait des lignes courbes semblant dessiner les contours du **pouvoir invisible** de l'aimant. Faraday imagina que ces lignes remplissaient l'espace autour de l'aimant.

Essayer de faire traverser un champ magnétique à un fil électrique et vous verrez le fil heurter les lignes du champ les unes après les autres, comme la main d'un enfant qui frappe les barreaux d'une clôture en passant à côté : c'est ce qui transforme le magnétisme en électricité. Peu importe que l'on fasse bouger un aimant près d'un fil électrique ou que l'on fasse traverser un champ magnétique par un fil, dans les deux cas, il y a un **mouvement** entre le fil et le champ magnétique, ce qui encourage les électrons chargés électriquement à bouger dans le fil. C'est le même mécanisme que l'on retrouve dans tous les générateurs.

Dans le chargeur de brosse à dents, rien ne bouge, mais le courant électrique ne cesse de changer de sens (c'est le principe du courant alternatif) et fait aller et venir les lignes du champ de force entre le chargeur et la brosse. Lorsqu'un fil électrique se trouve sur le chemin de ces **lignes de force**, il les coupe, tout comme le fil en mouvement dans un générateur. Il n'y a pas de contact direct entre les fils du chargeur et ceux de la brosse à dents. C'est le magnétisme généré par les changements de champ électrique qui transporte le courant de la bobine pour générer de l'électricité dans la brosse.

De la même façon, les appareils que l'on appelle **transformateurs**, utilisés pour diminuer le voltage (que vous trouverez en bon nombre chez vous dans les chargeurs et alimentations de téléphones portables et de gadgets électroniques) possèdent deux bobines de taille différente, dont l'une est parcourue par un courant variable et qui induit un courant dans la seconde, par induction magnétique (voir la partie 4 pour une définition du voltage).

Les objets métalliques détectés peuvent aussi bien être des pièces de monnaie dans votre poche, qu'une boucle de ceinture ou une arme sous votre veste.

Dans l'arche d'un détecteur de métaux, il y a plusieurs bobines de fils électriques. Le passage de l'électricité dans celles-ci génère un champ magnétique, qui produit des courants électriques dans tous les **objets métalliques** à sa portée. Ces courants engendrent à leur tour un champ magnétique, qui finalement produit de l'électricité dans une bobine de détection.

Plus récemment, depuis que les **chaussures** sont utilisées pour transporter des objets dangereux, il est devenu courant de les enlever pour les passer aux rayons X, les détecteurs de métaux ne pouvant atteindre les objets au niveau du sol, bien que certains plus modernes soient capables de scanner les chaussures, rendant le processus moins déplaisant.

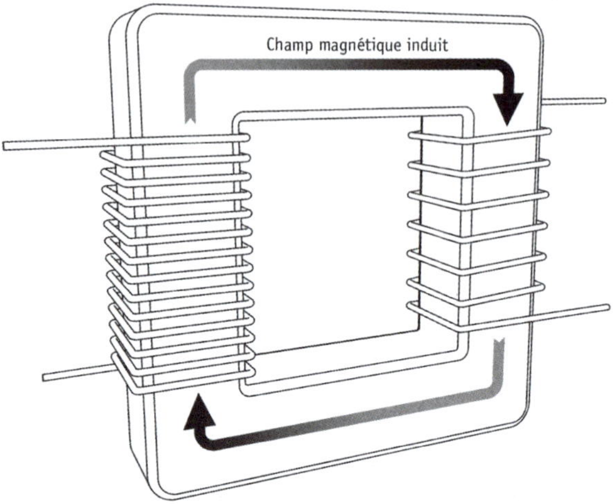

Figure 2 | Un transformateur change le voltage électrique par induction magnétique.

Le scanner corporel

Il est de plus en plus probable d'être soumis à un scanner corporel complet à l'aéroport. Ces scanners offrent les mêmes possibilités qu'une **fouille au corps**, dans le sens où tout objet porté n'importe où autour du corps peut être détecté, mais le procédé est plus rapide puisqu'il ne prend que quelques secondes, et est beaucoup moins intrusif.

Il a été dit que ces scanners produisaient une image des individus nus, et de ce fait étaient une violation de la vie privée, mais tout cela est exagéré. L'image produite est méconnaissable et ressemble plus à une modélisation informatique d'un corps humain qu'à la réalité.

Il existe **deux types** de scanners corporels, tous deux utilisant des formes de lumière invisible. Certains utilisent des ondes radio à haute énergie (à longueur d'onde courte), et d'autres une forme de rayons X. Ces deux procédés amenèrent à des inquiétudes d'ordre médical. La version radio se sert d'une fréquence très proche des micro-ondes, et bien qu'il n'ait pas été prouvé que ces ondes radio représentent un risque médical, certains s'inquiètent des **potentiels effets néfastes** de la légère hausse de température subie par le corps.

Pour chaque heure passée en l'air, vous serez exposé à des radiations représentant un risque 50 fois plus élevé (nous reparlerons de cette radiation naturelle plus tard) que lors de votre passage au scanner à rétrodiffusion.

Les rayons X sont connus pour être dangereux, mais le procédé d'action d'un scanner utilisant ceux-ci est différent de celui des rayons X médicaux traditionnels. Les scanners corporels emploient un procédé appelé **rétrodiffusion**. Au lieu de vous traverser, les rayons X passent à travers vos vêtements mais sont renvoyés par votre peau vers des détecteurs placés autour de vous. Ils sont très faibles. Dans l'ensemble, le risque pour la santé est très faible et le procédé significativement moins déplaisant qu'une fouille corporelle à la main.

Pour qui vous prenez-vous ?

On sait maintenant que vous n'êtes pas dangereux, mais on ne sait pas forcément qui vous êtes réellement. Sur les vols internationaux, après la sécurité, vous passerez au contrôle douanier. À ce stade-là, on utilise de plus en plus la **biométrie** pour identifier les passagers. Beaucoup de passeports contiennent une petite puce pouvant stocker des données biométriques. Il s'agit simplement de mesures pouvant être vérifiées le jour de votre voyage et qui confirmeront que vous êtes bien la personne que prétend votre passeport. Bien qu'en théorie n'importe quelle partie de votre corps pourrait être utilisée pour la biométrie, comme par exemple l'espacement entre vos oreilles ; en pratique, la plupart des systèmes utilisent une ou plusieurs reconnaissances faciales, d'**empreintes** ou d'iris. L'empreinte d'**iris**, très en vogue dans les films d'espionnage où une image du fond de l'œil est prise, est évitée car le procédé paraissait trop effrayant et intrusif. Apparemment, peu de gens aiment qu'on leur mette un laser dans les yeux !

L'idée d'utiliser les empreintes digitales pour reconnaître un individu est la technique la plus courante, même si on l'associe malheureusement souvent aux affaires criminelles.

HISTOIRE

La première utilisation des empreintes digitales aurait été faite par Sir William Herschel, petit-fils de l'astronome du même nom. Dans les années 1850, il s'en était servi alors qu'il travaillait en Inde, afin de rendre l'identification claire sur les documents administratifs.

C'est dans les années 1890 que l'on commença à les utiliser dans les **affaires criminelles** grâce à la création par les services de police de « banques » d'empreintes où elles étaient triées par forme pour faciliter l'identification. Dès le départ cependant, faire correspondre une empreinte digitale relevée sur une scène de crime à une empreinte de la banque était une tâche laborieuse.

L'utilisation des empreintes digitales pour l'identification biométrique est bien plus simple puisqu'il n'y a pas besoin d'interroger une gigantesque base de données. Il s'agit simplement de **comparer** les données du passeport avec les mesures prises le jour même. Les outils d'identification d'empreintes digitales relèvent les **différences** entre les crêtes et les vallées de la peau du bout des doigts en utilisant diverses méthodes de détection qui se basent sur une simple numérisation ou sur la modélisation de la chaleur émise par capacité électrique (la même technologie que l'on trouve sur l'écran tactile d'un smartphone).

Cependant, les empreintes digitales posent **deux problèmes**. Premièrement, il s'agit de reconnaître une forme qui peut changer de manière significative avec le temps, et qui se déforme en fonction de la pression appliquée et du positionnement du doigt sur le capteur. Deuxièmement, cette technique est toujours associée au crime. Il est très dur pour quelqu'un de donner son empreinte sans se **sentir coupable**. En revanche, la reconnaissance d'iris ne pose aucun de ces deux problèmes.

Toute l'empreinte n'est pas gardée en mémoire, seuls des points-clés de la modélisation sont identifiés et comparés avec les données enregistrées sur le passeport.

L'iris est la partie colorée autour de la **pupille**, qui, si on y regarde de plus près, possède un schéma très détaillé de lignes fines allant du centre vers l'extérieur comme les rayons d'une roue de vélo. Ce schéma unique est enregistré par une caméra et fournit un support que l'on peut faire coïncider avec les données du passeport sans qu'il soit altéré par une matière transparente comme des **verres de lunettes**. Il n'y a pas non plus besoin d'un contact direct avec l'appareil de détection.

Des trois options possibles, la **reconnaissance de visage** est l'idéale, puisqu'elle peut se faire à distance sans que l'individu doive s'arrêter à un guichet pour donner son empreinte digitale ou se faire scanner l'iris. Mais pour le moment, elle n'est pas assez **fiable** pour être appliquée comme seule méthode d'identification. La reconnaissance de visage peut se faire sur un groupe en mouvement (bien que cela nécessite évidemment que le visage soit visible), ou, comme cela se fait, être effectuée de manière moins envahissante à n'importe quel endroit où un **individu s'arrête** pour parler à un officier.

Il y a **différentes manières** de reconnaître un visage : en relevant les emplacements de différents traits caractéristiques du visage, en prenant une image en 3D de la forme du visage, ou d'une façon plus semblable à la reconnaissance d'empreintes en analysant le grain de la peau. Mais tous ces paramètres sont susceptibles de subir des variations, qu'il s'agisse d'un individu s'étant laissé **pousser la barbe** ou même d'un changement significatif d'expression. Cette technologie, encore inachevée, permet une **vérification supplémentaire** qui deviendra sûrement le moyen d'identification dominant quand les méthodes se seront améliorées. Que cela vous plaise ou non, votre visage en dit long sur vous…

La science de la superstition

Une fois que l'on vous aura indiqué votre **porte d'embarquement**, et que vous en aurez eu assez de votre relative liberté, il sera temps de vous diriger vers l'espace d'attente qu'est le hall d'embarquement. Les portes sont généralement numérotées, et vous pourrez observer qu'il manque souvent la **porte 13**.

Le nombre 13 est souvent vu comme synonyme de malchance ; un paramètre que les compagnies aériennes et les aéroports ont à cœur d'éviter.

La peur irrationnelle du nombre 13 est appelée triskaïdékaphobie.

La science de la superstition est très liée à notre perception de la **chance**. Notre cerveau n'est tout bonnement pas équipé pour faire face à la probabilité. On peut le voir à la façon dont on réagit aux **séries d'évènements**. Imaginez qu'un événement arrive de façon aléatoire dans le pays, allant de l'apparition d'une épidémie à des gens qui trébuchent. Comment vous attendez-vous à ce que ces évènements soient répartis ? Notre réponse naturelle est de les voir **éparpillés** un peu partout. Mais c'est totalement faux.

Imaginez que vous **renversez** un pot rempli de billes sur une surface plane et dégagée. Que penseriez-vous alors si, quand les billes s'arrêtent de bouger, elles étaient toutes **réparties uniformément** selon une grille et toutes avec le même espace entre les billes ? Vous penseriez qu'il y a quelque chose qui les fait réagir ainsi, qu'il doit y avoir des aimants en dessous, ou qu'il s'agit d'une ruse. L'ordre naturel est qu'il y ait des endroits où les billes se regroupent, et d'autres où il n'y a pas de billes. Ces groupes s'appellent des **agrégats**.

EXPÉRIENCE

L'AGRÉGAT DE PIÈCES

Il est probable que vous n'ayez pas sur vous un pot rempli de billes, et quand bien même vous en auriez un, on vous arrêterait sûrement pour les avoir éparpillés sur le sol de l'avion. Mais vous pouvez obtenir un résultat similaire avec une poignée de pièces de monnaie, bien qu'il soit préférable d'attendre d'être de retour chez vous avant de le faire. Tenez les pièces dans votre main au niveau de votre taille, puis lâchez-les. Bien qu'en principe, elles puissent tomber de manière uniforme et bien répartie, il est bien plus probable que vous obteniez des agrégats de pièces.

C'est exactement la même situation qui se passe avec les évènements répartis **aléatoirement**. Mais traditionnellement, quand, par exemple, plusieurs fermiers de la même région voyaient leur bétail tomber malade, ils pensaient qu'il y avait une **raison** à cet agrégat. La faute était rejetée sur la sorcière des environs. De nos jours, on accuse souvent les antennes téléphoniques et les centrales nucléaires d'être à l'origine des agrégats de maladies non-transmises.

Si ces maladies étaient aléatoires, on s'attendrait à ce qu'elles forment des agrégats ; mais il est tout naturel de chercher une **cause locale**, et quand il y a une source d'inquiétude à proximité, on l'associe vite à cet événement. Tous les agrégats ne sont pas aléatoires, comme par exemple un agrégat d'amiantose à proximité d'une usine d'amiante. Mais on ne peut pas supposer qu'une menace apparente soit la cause du problème. Il existe des techniques statistiques qui permettent de vérifier la causalité et qui doivent être utilisées avant de se livrer à des conclusions hâtives.

Bien que plusieurs explications aient été mises en avant pour expliquer la peur du chiffre 13, établissant un lien avec Judas qui était le treizième convive à la Cène ou le fait que 13 soit le nombre superflu dans un groupe de 12 comme les 12 signes du zodiaque, il n'y a que très **peu de preuves** pour soutenir ces théories. Il est plus probable que le nombre 13 ait été associé à des séries d'évènements négatifs. Peut-être qu'une ferme a fait faillite après qu'une truie a eu une portée de 13 porcelets. Ensuite, par hasard, quelqu'un est mort le 13 du mois. Après plusieurs coïncidences, 13 allait devenir le nombre que tout le monde détesterait !

Aussi irrationnelle que soit la peur du chiffre 13, les compagnies aériennes et les aéroports ne veulent pas courir le risque d'effrayer leurs passagers, et il y a donc peu de chances de voir un vol où une porte avec le numéro 13. Ce rejet va encore plus loin au terminal 4 de **l'aéroport Heathrow** à Londres. Parfois, quand la porte 13 est laissée de côté, certains considèrent que la porte 14 porte malheur car « c'est en fait la porte 13 ». Pour éviter cela, la porte 12 se trouve à un bout du terminal 4 et la porte 14 à l'autre bout. Comme on ne voit jamais les deux portes côte à côte, on ne remarque pas qu'il n'y a pas de **porte 13**, et personne n'est inquiet de prendre la porte 14.

L'envol

Les bases de l'aéronautique

Quelle que soit la porte vers laquelle on vous aura envoyé, vous serez, en principe, bientôt invités à embarquer et à prendre votre place. C'est l'occasion de jeter un œil à l'appareil et de remarquer quelques détails. Nous sommes tellement habitués à voir des avions que nous en oublions souvent à quel point un **aéronef moderne** est un chef-d'œuvre de technologie.

HISTOIRE

Imaginez-vous en compagnie des frères Wright à Kitty Hawk en 1903. Leur petit Wright Flyer fait d'épicéa et de mousseline pesait moins de 300 kilogrammes (à peu près le poids d'une moto de compétition) et ne mesurait que 12 mètres d'envergure. Comparez cela à un Boeing 747 dont le poids avoisine les 175 tonnes (et cela à vide) et dont l'envergure dépasse les 60 mètres. C'est presque deux fois la distance parcourue par le Wright Flyer lors de son vol inaugural.

Les avions de ligne ont grossièrement tous la même configuration. Ils peuvent avoir un ou deux étages, et de deux à quatre moteurs, mais la conception fondamentale reste la même. Un tube à peu près cylindrique, le **fuselage**, où sont logés passagers et cargaisons, et dont l'avant sera arrondi pour réduire la résistance aérodynamique. Du milieu du corps sortent deux ailes pour la poussée, dont nous reparlerons plus tard, avec des parties mobiles pour le contrôle en vol. Et tout à l'arrière de l'appareil, deux surfaces dépassent, l'une horizontale (l'**empennage**) et l'autre verticale (le **stabilisateur**), et stabilisent l'engin en vol. Elles ont également des parties mobiles pour permettre de changer de direction.

Figure 3 | Le train d'atterrissage d'un Airbus A-380.

En dessous se trouve le **train d'atterrissage**. Ces roues sont rétractées en vol pour rendre la forme du fuselage plus aérodynamique. Par rapport à une voiture, il semble y avoir énormément de roues sur un avion.

Sur un Boeing 747 par exemple, le train d'atterrissage est composé de dix-huit roues réparties sur cinq éléments.

Mais n'oubliez pas que les pneus vont devoir supporter un poids qui peut atteindre les 400 tonnes en charge maximale, et heurter le tarmac à 230 km/h !

Le ravitaillement

Depuis la salle d'embarquement, où même de votre siège, vous pouvez apercevoir un avion se ravitailler en carburant à l'une des citernes. Le **carburant** d'aviation, que vous serez probablement amené à sentir lors de l'embarquement, est une forme de kérosène, de pétrole. Tout comme le diesel ou l'essence, c'est un mélange d'hydrocarbures. Il s'agit de molécules organiques provenant du pétrole brut qui ont l'intérêt de brûler efficacement et de produire une quantité d'énergie considérable pour leur poids. Le carburant d'aviation est constitué de molécules plus grosses que celles de l'essence utilisée pour les voitures, et qui de ce fait sont moins volatiles.

Pour mieux comprendre à quel genre de produit chimique nous avons à faire, permettez-moi de vous présenter l'**octane**. Comme toute molécule, l'octane est constitué de plusieurs atomes « collés » ensemble par les interactions entre les particules chargées magnétiquement qui forment l'atome. L'octane ne nous est pas étranger puisque le jargon pétrolier nous apporte l'expression « indice d'octane élevé ». Il ne s'agit pas de la quantité d'octane dans le carburant, mais plutôt d'une mesure de la **capacité anti-détonante** du carburant comparée à celle d'une préparation standard à base de pétrole qui contient de l'octane. Une détonation est un raté lorsque du carburant entre en combustion au mauvais moment du cycle du moteur.

Si vous pouviez voir une molécule d'octane, vous pourriez observer qu'elle forme une longue rangée de huit atomes de carbone auxquels sont attachés dix-huit atomes d'hydrogène.

Le **fioul** est d'une grande utilité à l'industrie aéronautique. Le poids joue un rôle crucial dans le fonctionnement d'un avion, et le carburant d'aviation concentre une énorme quantité d'énergie par unité de poids. Regardez la différence entre le fioul et les batteries. Pour avoir la même quantité d'énergie qu'avec dix kilogrammes de carburant d'aviation, il faudrait environ une tonne de batteries Hi-Tech. C'est pour cela que vous ne verrez pas apparaître avant longtemps des avions électriques.

Le carburant d'aviation concentre l'énergie à tel point qu'il en contient quinze fois plus au kilogramme que l'**explosif TNT**. Cela peut paraître fou mais la raison pour laquelle le TNT est un explosif ne réside pas dans la quantité d'énergie qu'il contient, mais dans la vitesse à laquelle il brûle. Même si un bâton de TNT dégage bien moins d'énergie à quantité égale que de carburant d'aviation, la combustion se fait en une minuscule fraction de seconde. Quand il s'enflamme, il produit un **énorme éclat de chaleur**, générant une vague de pression dans l'air, et c'est cette pression qui cause des dégâts.

Contrairement aux transports routiers ou à la production d'électricité, il sera très compliqué de faire passer l'aviation d'une énergie fossile à une source d'énergie plus propre.

Afin de rendre la consommation en énergie d'un avion plus écologique, une possibilité envisageable est **l'hydrogène**. Le plus simple des éléments, l'hydrogène, n'est pas une source d'énergie en lui-même puisqu'il faut le **fabriquer** avant de pouvoir s'en servir. C'est cependant une autre manière de transporter l'énergie, qui a l'avantage par rapport au pétrole de ne dégager en brûlant que de la vapeur d'eau.

Avec suffisamment d'énergie électrique, il ne faut que de l'eau pour faire de l'hydrogène. Tant que l'électricité est générée par une énergie propre, l'hydrogène est un **biocarburant**. Ce qui est fantastique avec ce simple gaz, c'est qu'il concentre encore plus d'énergie au kilogramme que le carburant d'aviation, près de trois fois plus. Mais il y a un problème. L'hydrogène est **encombrant**. Il est peut-être plus léger que le fioul, mais sous forme de gaz comprimé il prend six fois plus de place que du carburant traditionnel, et le stocker dans un avion déjà plein à craquer ne serait pas simple !

Il se pourrait qu'avec le pétrole se faisant de plus en plus rare, on ait tendance à le réserver à l'aviation, même si en dernier recours il existe une technique appelée procédé Fischer-Tropsche qui permet de transformer le charbon en fioul.

Le procédé Fischer-Tropsche a été développé par les Allemands pendant la Seconde Guerre mondiale, lorsqu'ils furent privés de leurs sources de pétrole habituelles. Ce procédé est important car les États-Unis, par exemple, possèdent des réserves de charbon pour des centaines d'années qu'ils pourraient utiliser si le pétrole devenait difficile à se procurer.

Si ce procédé n'est pas utilisé pour le moment, c'est d'une part qu'il est polluant et qu'il nécessiterait beaucoup de **développement** pour réduire ses émissions de carbone ; et d'autre part à cause du coût élevé des centrales, même si une fois construites elles peuvent produire du pétrole à 50 dollars le baril, ce qui est considérablement inférieur au prix moyen entre 2005 et 2011.

Le débat est animé quant aux effets néfastes des émissions de carbone de l'aéronautique. C'est parce que le dioxyde de carbone est un gaz à effet de serre qui contribue au **réchauffement climatique**. Mais en soi, le carbone n'est pas un mauvais élément chimique. En réalité, il est très simple et **essentiel à la vie**. Il peut se combiner très facilement à d'autres éléments pour former de longues chaînes de molécules, et sans cela il serait impossible de construire des protéines, de l'ADN, ou d'autres molécules complexes qui rendent la vie possible. Sans le carbone, nous ne serions pas là.

Cela ne change cependant rien au fait que le dioxyde de carbone est un **gaz à effet de serre**, et que l'effet de serre est forcément mauvais, n'est-ce pas ?

Le bon côté de l'effet de serre

On a l'habitude de s'entendre dire à quel point l'effet de serre est un phénomène néfaste. On nous répète quasiment tous les jours qu'il faut que l'on diminue nos émissions de dioxyde de carbone parce que le CO_2 est un gaz à effet de serre, cause du réchauffement climatique. Les **dangers** sont réels, il y a trop de dioxyde de carbone dans l'atmosphère en ce moment, mais il ne faut pas croire que l'effet de serre est intrinsèquement mauvais. Il nous aide à rester en vie.

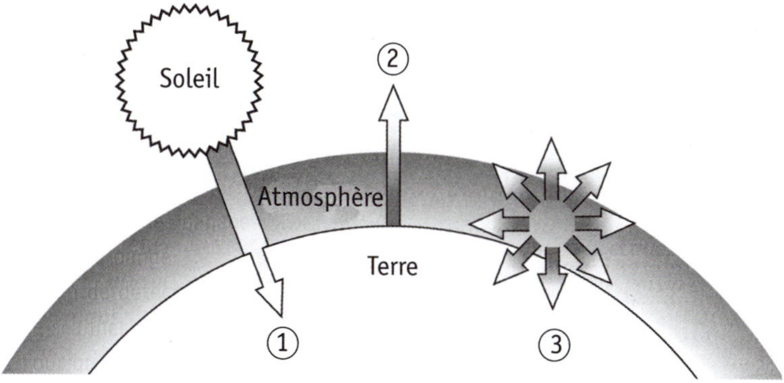

Figure 4 | L'effet de serre : les gaz à effet de serre fonctionnent comme un miroir à sens unique.

① – La Terre absorbe la lumière du Soleil qui réchauffe sa surface.

② – La surface réchauffée renvoie des radiations infra-rouges.

③ – Une partie des infra-rouges est absorbée par les gaz à effet de serre et renvoyée dans toutes les directions. Une autre partie est renvoyée sur Terre.

Dans l'effet de serre, le dioxyde de carbone, à l'instar d'autres gaz à effet de serre comme la vapeur d'eau ou le méthane, agit comme un **miroir**. La plupart des rayons du Soleil le traversent, mais quand l'énergie est renvoyée par la Terre sous forme d'infra-rouges d'une énergie moindre que la lumière visible qui vient du Soleil, une partie est absorbée par les **molécules de CO_2** présentes dans l'atmosphère. Presque immédiatement, les molécules

Un exemple d'effet de serre non-contrôlé est la planète Vénus, dont l'atmosphère est constituée à 97 % de dioxyde de carbone. Là-bas, la température moyenne est de 480 °C, avec des pointes à 600 °C, ce qui en fait la planète la plus chaude du système solaire.

renvoient l'énergie à nouveau. Une partie s'en va dans l'espace, mais le reste retourne vers la Terre et réchauffe sa surface.

Avant que l'on ne commence à rejeter du CO_2 dans l'atmosphère, notre effet de serre fonctionnait juste comme il faut. Sans lui, la température moyenne sur Terre serait de – 18 °C, plus de 30 °C de moins qu'en réalité. C'est si froid que la vie telle qu'on la connait, n'aurait jamais pu **apparaître**. Sans l'effet de serre, le seul endroit sur Terre où l'on pourrait peut-être trouver de la vie, serait aux alentours des cheminées hydrothermales au fond des océans.

Le vol façon écolo

On ne peut occulter le fait que l'avion soit le pire moyen de transport en termes d'émissions de dioxyde de carbone, et aussi bénéfique que soit l'effet de serre, on ne veut pas qu'il y ait davantage de gaz à effet de serre. Un vol standard long-courrier entre l'Europe et les États-Unis produit environ **deux tonnes et demi de CO_2** par passager. Cela revient à parcourir 15 000 kilomètres dans une voiture moyenne. Si vous voyagez en classe affaire, on se rapprochera des quatre tonnes, et pour un passager en première classe, des cinq tonnes. Cela est dû au fait que les **sièges** occupent plus de place dans l'avion que ceux des classes économiques.

Si vous voulez faire quelque chose pour contrer les effets du transport aérien, renseignez-vous sur les **systèmes de compensation** des émissions de carbone qui impliquent la construction de sources d'énergies renouvelables comme les éoliennes ou les centrales houlomotrices, de préférence quelque part où les sources d'énergies actuelles sont particulièrement polluantes. C'est significativement mieux que de planter des arbres.

En effet, ces derniers, bien que bénéfiques en terme de biodiversité, n'absorbent que très lentement le carbone. L'action doit être plus rapide surtout qu'un arbre qui meure rejette du carbone dans l'atmosphère au lieu d'en absorber.

Se mettre en chemin

Après ce qui peut paraître une attente interminable, c'est le moment du **repoussage**, également appelé *pushback*. L'avion s'éloigne des installations en marche arrière et roule jusqu'au bout de la piste. Contrairement à une voiture, les roues d'un avion ne sont pas motrices, la plupart des manœuvres au sol se font avec les moteurs de l'avion. Ce n'est pas une façon très efficace de se déplacer quand l'avion n'est pas en l'air, encore moins en marche arrière, c'est pourquoi on utilise généralement un **tracteur d'avion**, que l'on appelle aussi un *push*, pour éloigner l'avion du terminal.

Ces véhicules aplatis et trapus, qui sont également utilisés pour déplacer les avions en stationnement, ne sont pas aussi puissants que vous pourriez le penser. Les moteurs des tracteurs employés pour les

Figure 5 | Un tracteur, ou push, en action.

Boeing 747 ont une puissance de 200 à 300 chevaux, moins qu'une voiture haute performance.

On peut considérer l'énergie comme une quantité permettant de soutenir un effort global plus ou moins longtemps, alors que la puissance correspond à la quantité d'énergie à un moment précis de l'effort.

L'unité de chevaux-vapeur n'est utilisée que dans le milieu des transports. Il s'agit d'une unité de mesure de la puissance qui fut créée par l'ingénieur écossais James Watt.

On mesure généralement la puissance en **watts**, du nom de James. Vous pouvez donc avoir une ampoule de 100 watts, qui utilise 100 unités d'énergie (joules) par seconde, ou une bouilloire de deux kilowatts (2 000 watts), mais les chevaux-vapeurs ne sont qu'une unité alternative.

HISTOIRE

Quand Watt a créé les chevaux-vapeur, il voulait fournir un moyen de comparer le taux de travail d'une machine à vapeur à celui d'un cheval. Il mesura combien de travail, un cheval standard pouvait fournir en une journée à la mine, puis il a arbitrairement doublé ce chiffre pour en faire un cheval-vapeur. Un cheval-vapeur équivaut à 750 watts, soit trois quarts d'un kilowatt.

Les tracteurs d'avions ne sont donc pas si puissants. Un gros camion peut facilement l'être deux fois plus mais ils sont extrêmement lourds et peuvent peser jusqu'à 50 tonnes. Avec tout ce poids qui appuie sur les pneus, les push disposent d'une **énorme traction**. Ils sont conçus de manière à avoir un couple élevé, à savoir l'effort en rotation appliqué à un axe. En conséquence, il leur est facile de déplacer plusieurs centaines de tonnes d'avion.

En principe, un avion peut exécuter une marche arrière à l'aide de ses inverseurs de poussée. Cela consiste grossièrement à placer un déflecteur derrière les moteurs de l'avion, afin que l'air soit propulsé vers l'avant de l'appareil. On déploie généralement les **inverseurs** à l'atterrissage pour ralentir l'avion, mis en place quand vous entendez le moteur s'emballer au moment où vous touchez le sol. Mais il n'est pas très pratique d'utiliser les inverseurs de poussée à proximité du terminal. Le souffle provenant du moteur pourrait faire voler des débris jonchant le sol en direction des vitres du bâtiment, c'est pourquoi on utilise les tracteurs.

Vous êtes en droit de vous demander, vu l'inefficacité d'un avion à se déplacer au sol, pourquoi ne les **remorque**-t-on pas en tracteur jusqu'au bout de la piste ?

Virgin Atlantic a eu cette idée en 2006. Ils voulaient tracter les avions jusqu'à une « grille de départ », située en bout de piste. Cela aurait permis une **économie notable** de carburant. Virgin estimait pouvoir produire deux tonnes de CO_2 en moins par vol, ainsi que réduire le bruit et la pollution autour du terminal.

Malheureusement, malgré ses intentions écologiques louables, cette technique a vite été jetée aux oubliettes. En effet, les aéroports refusaient de fournir des **emplacements** pour les grilles de départ, causes de retards occasionnés par le temps nécessaire pour détacher les tracteurs et les mettre hors de portée du souffle des moteurs. Et de façon plus significative, les constructeurs d'avions ont argumenté sur le fait qu'en augmentant le nombre de remorquages, le train d'atterrissage serait soumis à trop de pression, et que les traverses qui tiennent les roues devraient donc être remplacées plus souvent. Il est ainsi fort probable que vous irez jusqu'à la piste **en roulant** grâce aux moteurs de l'avion…

Le gros radar vous surveille

Lorsque vous traversez les voies de circulation au sol, qui peuvent parfois sembler labyrinthiques dans les gros aéroports, vous êtes suivi par un **radar de surface**, ou un radar au sol ; il sera le premier d'une longue série que votre avion va rencontrer lorsqu'il passera du contrôle au sol à la tour, au centre de contrôle terminal, puis au centre de contrôle. Les deux derniers sont des centres de contrôle du trafic aérien qui vont suivre votre avion après le décollage. Dans la plupart des aéroports, vous verrez au moins un radar aérien qui balaye le ciel. Votre avion lui-même est équipé d'un système de radar, situé dans son nez, qui sert à détecter la présence d'orages sur le trajet.

Le principe du radar est très simple. Il fonctionne en utilisant une forme de lumière située sur le spectre électromagnétique entre la fréquence utilisée pour la radio et la télévision et celle pour les micro-ondes. Comme nous l'avons découvert précédemment, quand on voit un objet en se servant de la lumière visible, les **photons** voyagent de la source (le Soleil par exemple) à l'objet. L'objet absorbe les photons, et renvoie l'énergie des électrons à la surface de l'objet. Puis l'énergie de ces électrons diminue brusquement et de nouveaux photons sont émis. Certains atteignent notre œil et on voit l'objet.

HISTOIRE

Bien qu'il y ait eu, auparavant, plusieurs tentatives d'élaboration de systèmes de détection des avions, la première technologie exploitable pour localiser les avions au-delà de la limite du visible, fut développée en Grande-Bretagne juste avant la Seconde Guerre mondiale. D'abord appelé range and detection finding *(télémétrie et radiogoniométrie), ce système fut vite rebaptisé radar, acronyme anglais moins lourd, pour Radio Detection and Ranging (radio-détection et télémétrie). D'après la légende du radar, cette technologie a été créée quand des experts britanniques du Radio Research Station à Slough ont été priés de vérifier les rumeurs selon lesquelles, l'inventeur croate-américain, Nikola Tesla avait conçu un rayon de la mort, basé sur les radiations électromagnétiques. Les scientifiques trouvaient hautement improbable qu'une onde radio soit utilisée pour remplacer les balles, mais ils pensaient qu'avec le bon type d'onde radio, on pourrait détecter les avions ennemis.*

Un radar fonctionne de manière similaire, sauf qu'il sert à la fois de source, l'équivalent du Soleil, et de récepteur, comme notre œil. Il émet un flux de photons puis observe les photons renvoyés par un objet. Comme les photons ont moins d'**énergie** que la lumière visible

ANECDOTES

*Les premiers travaux britanniques sur les radars semblent être la source de la rumeur qui prétend que manger des carottes améliore la vue, notamment de nuit. Cela fait partie d'une propagande étonnamment réussie et lancée par l'*Air Ministry *(le ministère de l'Air) pendant la guerre, qui disait avoir soumis ses pilotes à un régime riche en carottes pour améliorer leur vision nocturne afin de repérer les bombardiers allemands. En réalité, ce sont les radars qui aidaient à aiguiller les soldats vers leur cible, mais on espérait que les Allemands croient la rumeur. Cela fut tant et si bien répété dans la presse britannique qu'est née la légende qui dit que manger des carottes améliore la vision nocturne !*

(si l'on considère la lumière comme une onde, celle du radar a une longueur d'onde plus courte, faisant de plus grandes ondulations en chemin), le radar n'est pas capable de détecter des traits précis, et montre généralement une **forme indistincte** plutôt qu'une vue détaillée comme l'œil peut le faire.

Naviguer de nuit

Le radar n'est bien évidemment pas le seul outil qui se sert de radiations électromagnétiques pour **aider les pilotes** à vous amener à bon port. En plus de la lumière visible qui leur permet de voir là où ils vont, ils utilisent amplement l'onde radio, une forme de lumière dont l'énergie par photon est encore plus faible, ou une longueur d'onde plus longue, que le radar. Cette onde radio est parfois utilisée en **automatisation**. Les balises de navigation sont des émetteurs radio qui envoient un flot continu d'informations permettant aux avions de savoir où tourner sur la trajectoire de vol. Bien que cet emploi soit devenu bien moindre avec l'apparition du GPS (voir plus loin), il n'en reste pas moins un outil de guidage précieux. Appelé **VOR** pour *VHF Omnidirectional Radio Range*, un avion en utilise généralement deux pour déterminer sa trajectoire.

À l'aéroport, une collection d'émetteurs radio automatisés sert d'ILS (***Instrument Landing System***) ou système d'atterrissage aux instruments, qui localisent précisément la piste et l'angle d'approche du sol, de l'avion. En combinant les informations de l'ILS avec des équipements radars spéciaux, un avion suffisamment équipé pourra atterrir par une **visibilité nulle** et sans que le pilote ne touche les commandes (système connu sous le nom d'atterrissage automatique).

Avant l'utilisation des systèmes d'atterrissage automatique et de navigation radio, les pilotes ne pouvaient compter que sur des indicateurs visuels pour les mener à l'aéroport. Pour être bien alignés avec la piste, ils utilisaient des repères au sol facilement reconnaissables depuis le ciel.

ANECDOTES

L'un des repères classiques, par exemple, en approchant l'aéroport Heathrow de Londres par l'est, était un gros gazomètre. Malheureusement, il y avait un gazomètre similaire avec la même orientation par rapport à la piste, dans la base de la Royal Air Force à Northolt. Le pilote d'un avion de ligne Boeing 707 appartenant à une compagnie aérienne américaine, a confondu les deux gazomètres et a atterri à Northolt, croyant être à Heathrow. Cela causa un sérieux problème. Un avion a besoin d'une piste plus longue pour décoller que pour atterrir. La piste de Northolt était trop courte pour qu'un Boeing 707 puisse décoller. Après avoir débarrassé l'avion des sièges à la cuisine, on parvint tout juste à le faire décoller. Une légende locale raconte qu'il y aurait des traces de pneu sur le toit d'un immeuble de bureaux, laissées par l'avion alors qu'il bataillait pour s'arracher aux forces de la gravité. Après ce dysfonctionnement, on marqua les deux gazomètres afin de pouvoir les différencier. On a peint, par exemple, les lettres LH sur le gazomètre de Heathrow, que l'on peut encore voir du train qui traverse Southall à l'ouest de Londres.

En France, dans les années 90, un boeing 747 de la compagnie Egyptair s'est posé avant de redécoller sur l'aérodrome de Brétigny sur Orge croyant avoir atterri à l'aéroport d'Orly.

La navigation satellite dans le cockpit

De nos jours cependant, et comme dans les voitures, la navigation moderne en l'air s'en remet à un autre système radio : le **GPS**, ou *Global Positioning System*. Il utilise quelques-uns des 24 ou 30 satellites éparpillés autour du globe à une altitude de 20000 kilomètres, pour localiser précisément l'emplacement d'un récepteur GPS, n'importe où sur Terre. On envoie davantage de **satellites** pour rendre le système encore plus précis, leur nombre étant donc en constante augmentation. Chaque satellite possède une horloge très précise et **transmet**, en continu, l'heure et la position du satellite. Le récepteur GPS capte entre quatre et six de ces transmissions et s'en sert pour déterminer son emplacement en partant du temps qu'il faudrait aux signaux des satellites pour l'atteindre, en allant à la vitesse de la lumière.

Les GPS sont l'incarnation même des réalités de la théorie de la **relativité** d'Einstein. Nous reviendrons plus tard, en détail, sur ce que nous apprend la relativité, mais le GPS est un **exemple concret** du besoin de prendre en compte la relativité. La relativité n'est pas qu'une obscure théorie, elle a une influence directe sur cet outil technologique du quotidien.

La relativité restreinte prédit qu'une horloge se déplaçant à **grande vitesse** ira moins vite que prévu, et établit que les horloges des satellites GPS perdront sept millionièmes de seconde par jour par rapport aux horloges sur Terre en raison du fait qu'elles voyagent à 14 000 kilomètres par heure. La relativité générale nous dit que la gravité a également pour effet de **ralentir les horloges**. Comme les satellites sont soumis à une plus faible attraction gravitationnelle que s'ils étaient à la surface de la Terre, leurs horloges devraient gagner environ 45 millionièmes de seconde par jour. Au total, les horloges de GPS avanceraient donc de 38 millionièmes de seconde par jour, et c'est le cas. Ce niveau d'erreur paraît trivial, mais la navigation par satellite a besoin de mesures précises pour bien localiser l'emplacement. Sans correction due à la relativité, le système GPS deviendrait inutile. En effet, en un seul jour, la position donnée par un GPS serait fausse de plusieurs kilomètres si elle n'était pas corrigée.

Einstein présenta deux formes de relativité : la relativité restreinte, qui décrit comment l'espace et le temps sont influencés par le mouvement, et la relativité générale, qui s'intéresse à l'impact de l'accélération et de la gravité.

Le langage universel

C'est la radio qui fait le lien entre les satellites GPS, et c'est elle aussi qui permet aux avions de **communiquer** entre eux et avec les contrôleurs au sol. Il fut assez vite réalisé dans l'histoire de l'aviation, qu'il pourrait être dangereux que les instructions d'un contrôleur à un avion ne soient pas comprises par un pilote venant d'un autre pays. Pour cette raison, toutes les communications des vols commerciaux sont faites **en anglais**, même si, par exemple, il s'agit d'un contrôleur chinois s'occupant d'un vol chinois.

Contrairement aux avions légers, qui sont **identifiés** par leur numéro d'immatriculation, un avion de ligne commercial sera appelé à la radio par une combinaison de l'identifiant de la compagnie aérienne et de la partie numérique du numéro de vol. Parfois, ces identifiants sont **évidents** et **prévisibles**. Par exemple, celui d'American Airlines est AMERICAN, et celui de Qantas est QANTAS. Mais d'autres compagnies ont des identifiants bien plus obscures. Celui de la British Airways, par exemple, est SPEEDBIRD (d'après le logo utilisé par Imperial Airways et toujours présent sur les côtés des avions), alors qu'un petit opérateur britannique du nom de Special Scope a été affublé d'un identifiant moins prestigieux, DOPE (qui en anglais peut également signifier « andouille »). Il y a même des vols appelés SANTA (père Noël), les charters d'excursion de Noël affrétés par British Airways.

Pour ce qui est des vols de compagnies aériennes françaises, leur identifiant est classique. **Air France** gardera le nom AIRFRANCE, tout comme **Corsair** gardera CORSAIR. À noter cependant la fantaisie de la filiale française **Transavia** dont l'identifiant est TRANSOLEIL.

Le dernier modèle de piste

À présent, vous devez avoir atteint le début de la piste. Dans un grand aéroport international, les pistes font de trois à cinq kilomètres de long. Les gros aéroports ont souvent des **pistes parallèles** pour optimiser le débit, ainsi que des pistes secondaires positionnées selon différents angles. Les décollages et atterrissages se font mieux face au vent.

On pourrait penser qu'avoir **un vent de face** alors que l'on cherche à atteindre une certaine vitesse soit la dernière chose à faire, mais il y a un réel effet bénéfique. Si vous décollez face au vent, pour n'importe quelle vitesse au sol, l'air se déplacera plus vite autour des

> *Disons qu'un avion doive atteindre 250 km/h pour décoller. Avec un vent de face à 50 km/h, il lui faudra une vitesse au sol de seulement 200 km/h. En revanche, avec un vent de dos à 50 km/h, qui réduira la vitesse de l'air autour des ailes, l'avion devra atteindre 300 km/h au sol pour pouvoir décoller.*

ailes et la vitesse obtenue sera une **combinaison** de la vitesse de l'avion et de celle du vent.

Concrètement, il n'est pas possible d'avoir des pistes dans toutes les **directions**, c'est pourquoi les aéroports choisissent la direction prédominante du vent. Les pistes sont **étiquetées**, vous pourrez voir un nombre peint en grand au bout de la piste, avec une contraction du cap vers lequel elles sont orientées. Si la piste est orientée vers les dix premiers degrés à l'est du nord, elle sera numérotée 01. Les dix degrés suivants seront numérotés 02 et ainsi de suite. Comme les avions peuvent approcher la piste par n'importe quelle direction, en fonction du vent, les deux bouts de la piste sont marqués de nombres dont la différence est de 18, parce qu'ils sont à 180 degrés.

Par exemple, Heathrow à Londres possède deux **pistes parallèles** marquées 27 *Left* (gauche) et 27 *Right* (droite), ou 09 *Right* et 09 *Left*, selon le côté d'approche. Ce sera 27 si vous allez vers l'ouest, et 09 si vous allez vers l'est. L'aéroport dispose également d'une troisième piste plus courte à un angle différent, connue sous le nom de 23 ou 05, mais elle n'est pas assez longue pour les grands avions à réaction et a été fermée en 2005. On peut toujours la voir sur des sites de photographies aériennes comme Google Maps. Elle sert désormais de piste de circulation au sol (les chiffres en bout de piste n'ont pas été repeints mais sont toujours clairement visibles). D'autres aéroports ont bien plus de pistes : c'est le cas de **l'aéroport français Charles de Gaulle** à Roissy qui en possède 4 (08 droite et 08 gauche, 09 droite et 09 gauche, 26 droite et 26 gauche et 27 droite et

27 gauche) ou le gigantesque aéroport O'Hare de Chicago qui en compte jusqu'à sept !

Quand vous atteignez le début de la piste, deux choix s'offrent au pilote. Il préfère généralement le **départ sur la lancée**. L'avion tourne pour s'orienter sur la piste, et là, sans s'arrêter, il met pleins gaz et commence sa course d'élan. C'est la solution la plus efficace, du fait que les moteurs n'aient pas à faire partir l'avion au point mort (l'aspect macho de la plupart des pilotes prend aussi souvent le dessus !). Cependant, il y a de bonnes chances pour que vous ayez à **attendre à l'arrêt**, pendant plusieurs minutes.

Ce retard est davantage susceptible de se produire s'il y a **plusieurs avions qui décollent**. Il ne s'agit pas juste d'attendre que l'avion précédent ait commencé sa course sur la piste et vous éviter d'être frappé par le souffle de ses réacteurs, l'attente est bien plus longue que cela, à plus forte raison si l'avion de devant est plus gros que le vôtre. La cause est que le bout des ailes de l'avion en tête, peut générer de **puissants vortex**, appelés tourbillons marginaux, dans l'air. Pensez au tourbillon fait par l'eau s'écoulant dans la bonde d'un évier, c'est un petit vortex, mais celui créé par le bout des ailes d'un avion est invisible et beaucoup plus puissant.

EXPÉRIENCE

À L'INTÉRIEUR DU VORTEX

Pour voir un vortex en action chez vous, bouchez la bonde de votre évier et remplissez-le autant que possible. Retirez la bonde avec précaution et regardez l'eau partir. Cela fonctionne mieux dans une baignoire puisque le vortex aura plus de temps pour se former. Vous devriez voir un petit tourbillon à la surface de l'eau qui se dirige vers la bonde : c'est le vortex.

Vous avez peut-être entendu dire que ces vortex de salle de bains ne tournent pas dans le même sens selon le côté de l'équateur où vous vous trouvez. Cela serait dû à la force de Coriolis, un effet réel causé par la rotation de la Terre.

Imaginons une personne située au pôle Nord se dirigeant vers l'équateur, nous observerions que son déplacement s'effectuerait suivant un cercle et non une ligne droite, parce que la force de Coriolis, à laquelle il est soumis, dépend de la vitesse de rotation de la Terre ainsi que de vitesse de déplacement de la personne. Il faut en plus considérer la force centrifuge, elle aussi dépendante de la vitesse de rotation de la Terre ainsi que du rayon d'éloignement depuis le pôle jusqu'à l'équateur. Cette deuxième force dont l'effet va être additionné à la première aura pour conséquence d'augmenter l'effet de rotation au niveau de l'équateur.

Donc, si vous observez, par exemple, l'eau dans une baignoire, la partie la plus près du pôle se déplace moins vite ; l'effet, si l'objet n'est pas fixé à la surface du sol, consistera en une rotation dans le sens des aiguilles d'une montre. Cet effet Coriolis peut être observé sur les phénomènes météorologiques, qui vont souvent dans le sens des aiguilles d'une montre dans l'hémisphère nord, et dans le sens inverse dans l'hémisphère sud. Mais la quantité de force sur la taille d'un évier ou d'une baignoire est si faible qu'elle n'a aucune influence sur le sens de rotation du vortex. En réalité, cela sera déterminé par la façon dont vous retirerez le bouchon de la bonde et d'autres facteurs physiques comme la forme du bord de la bonde. Cela dépasse grandement l'effet Coriolis.

Les vortex produits par le bout des ailes d'un avion peuvent mettre trois minutes à disparaître. Si un autre avion vole dans l'air déformé, il peut devenir difficile à piloter, c'est pourquoi les vols sont espacés de manière à laisser suffisamment de temps pour que l'air retrouve sa stabilité.

Comment les lois de Newton vous aident à décoller

Que vous ayez dû patienter ou que vous ayez pu vous engager directement sur la piste, le moment viendra où les pleins gaz seront mis et où vous serez projeté au fond de votre siège. Voici une chance de faire connaissance avec l'une des célèbres applications de la science, **les lois du mouvement de Newton.** Ces lois régissent les forces qui engendrent une action et donc un mouvement. Si un objet se met à se déplacer subitement par exemple, il faut qu'une **force** lui ait été appliquée. Les trois lois distinctes établies par Newton vont toutes jouer un rôle quand vous commencerez à rouler sur la piste.

La **première loi** prédit qu'un objet (votre corps par exemple) reste comme il est, qu'il soit en mouvement ou non, jusqu'à ce qu'une force lui soit appliquée. Cela semble trivial, mais avant Newton, on pensait que pour qu'un objet continue de bouger, il fallait continuer de le pousser. Si on arrête de pousser, pensait-on, il s'arrêterait naturellement.

En réalité, l'idée de l'époque était un peu plus compliquée. On pensait que certaines choses (comme la Terre) avaient une gravité, qui était une tendance naturelle **à tomber** vers le centre de l'Univers, et que d'autres (comme l'air) avaient une légèreté, une tendance naturelle **à s'élever** et à s'éloigner du centre de l'Univers. En dehors de cela, le reste s'arrêtait de bouger si on ne les poussait plus. Newton a cependant réalisé qu'un objet en mouvement doit **recevoir une force** (dans le sens opposé de son mouvement) pour le faire ralentir.

Les réacteurs appliquent une force sur l'avion qui le fait bouger. Mais votre corps n'est pas en mouvement à cet instant, donc le siège **vous pousse** vers l'avant. Ce que vous sentez (de votre point de vue et pas celui du siège !), c'est que vous vous reculez dans votre siège, mais en termes de causes et d'effets, c'est **le siège** qui avance vers vous. Une force est appliquée sur vous, et vous commencez à bouger. Ce n'est pas plus mal car si vous ne bougiez pas, vous passeriez à travers le siège alors qu'il avance !

Mais comment agit cette force exactement ? La **seconde loi** de Newton établit que la force qui vous est appliquée est égale à votre masse multipliée par l'accélération que vous subissez. Plus vous ressentez une force importante, plus vous accélérez vite. L'avion va passer de l'arrêt à 250 km/h en une trentaine de secondes. Cela équivaut à environ un quart de l'accélération que la gravité nous fait subir. Le nombre de g ressentis, l'équivalent de la force de la gravité, est d'environ 0,25 g.

Cela peut paraître assez faible, et comparé à l'accélération de 0 à 100 km/h d'une voiture puissante, ça l'est. Dans une Jaguar XJR par exemple, vous devriez pouvoir passer de 0 à 100 km/h en cinq secondes. Cela représente 0,6 g. Alors pourquoi se sent-on aussi fortement enfoncé dans son siège à bord d'un avion ? Au moment où les moteurs de l'avion s'emballent, vous êtes frappé par la majorité de la poussée alors que la force augmente plus progressivement dans une voiture, et c'est pourquoi elle n'est pas toujours aussi ressentie, d'autant que la majorité d'entre nous ne conduit pas ce genre de voitures !

La troisième et dernière loi de Newton joue un rôle majeur dans votre accélération sur la piste. C'est celle que l'on paraphrase souvent en disant que « toute action a une réaction égale et opposée ». À première vue, cela peut sembler désuet. On serait susceptible de penser, par exemple, que l'on ne peut jamais rien déplacer, car si on bouge un objet, il y a une réaction égale qui le pousse dans l'autre sens, ce qui aurait pour résultat que rien ne se passe. Pourtant, sans la troisième loi de Newton, un avion à réaction ne pourrait pas se déplacer.

Dans le cas de cette dernière loi de Newton, l'action et la réaction s'appliquent à différents points. Quand vous poussez une boîte, la boîte vous pousse dans le sens opposé avec la même force. Si vous sautez en parachute, la Terre est attirée vers vous avec la même force que vous l'êtes par elle. Mais souvenez-vous de la seconde loi. La force est le produit de la masse et de l'accélération. La Terre a une masse bien plus importante que vous. Du coup, bien que vous soyez tous deux soumis à la même force à cause de la gravité, l'accélération ressentie par la Terre est celle de la force divisée par son énorme masse. Vous pourrez faire ce que vous voudrez, elle ne bougera pas.

Quand votre siège vous pousse, vous le poussez aussi dans l'autre sens. Si ce n'était pas le cas, vous ne vous enfonceriez pas dans votre siège avec l'accélération, vous seriez juste **propulsé** en avant. Mais la troisième loi de Newton est bien plus importante car c'est grâce à elle que les moteurs d'un jet peuvent déplacer l'avion.

Rejoignez la jet-set

Le gros ventilateur que vous voyez à l'avant d'un moteur à l'arrêt, aspire l'air et le compresse. L'air est ensuite mélangé à du carburant vaporisé et le mélange est enflammé dans une **chambre de combustion**. Cela produit un souffle d'énergie dont une partie fait tourner une turbine qui alimente les pales du compresseur, mais la majorité sort par l'arrière du moteur à grande vitesse se joignant au puissant courant d'air aspiré par les pales du compresseur. Comme le moteur pousse l'air vers l'arrière, l'air pousse à son tour le moteur, et donc l'avion, vers l'avant avec la même poussée. L'avion ne bouge qu'en raison de la troisième loi de Newton.

Les jets génèrent une poussée énorme. La force combinée des quatre moteurs d'un Boeing 747 peut atteindre les 1 000 kiloNewtons, soit un million de Newtons. Comparez cela à une voiture de très haute performance comme la **Porsche la plus rapide** qui peut accélérer de 0 à 100 km/h en trois secondes. Si le poids de la voiture, en comptant l'effet de friction, est de deux tonnes, cela implique une poussée de seulement 18 kiloNewtons.

Le Newton, du même nom qu'Isaac, est l'unité de mesure de la force. C'est la quantité de force nécessaire pour faire accélérer un kilogramme d'un mètre par seconde.

La plupart du temps, les lois de Newton s'appliquent pour comprendre le mouvement, mais techniquement, la seconde loi n'est qu'une **approximation** qui n'est valide que lorsqu'un objet se déplace relativement lentement par rapport à la vitesse de la lumière. Plus la vitesse est grande, moins elle est précise, et même à des vitesses plus faibles, elle n'est pas totalement fiable, et c'est pourquoi on doit corriger l'imprécision des minutages des satellites GPS. Comme nous le verrons plus tard, pour une précision absolue ou pour des objets se déplaçant à très grande vitesse, les lois de Newton ne sont plus suffisantes et la relativité entre en jeu. Mais pour la majorité des usages quotidiens, les lois de Newtons s'appliquent parfaitement.

Rotation et escalade

À l'avant, quand l'avion accélère, le pilote sera averti lorsque l'avion passera **trois vitesses** critiques, connues sous le nom de V1, VR et V2. Chacune de ces vitesses est adaptée à un avion particulier pour maximiser la sécurité lors du décollage. V1 correspond en pratique à la vitesse de non-retour. Quand le copilote dit « **V1** », l'avion est engagé à décoller. Le R de **VR** signifie « rotation », et à ce moment, le copilote dit « Rotation ». Le pilote tire alors doucement sur le manche, ce qui change l'inclinaison de la gouverne située sur la queue de l'appareil afin que l'avion effectue une rotation sur le train d'atterrissage et lève son nez du sol. Cette inclinaison signifie que l'air frappe les ailes selon un angle plus aigu, donnant plus de portance (voir plus loin). L'avion accélère encore au sol jusqu'à ce qu'il atteigne **V2**, la vitesse de décollage.

Ceux qui voyagent en avion pour la première fois sont souvent troublés quand, peu après le décollage, le **bruit des moteurs** s'arrête brusquement. Ce n'est rien, il s'agit de la procédure habituelle. Il reste encore assez de puissance pour poursuivre la montée et l'accélération, mais en relâchant un petit peu l'accélérateur, le bruit du moteur est stoppé, réduisant ainsi les nuisances pour la population vivant à proximité des aéroports.

Sous pression

Pendant votre ascension, vous ressentirez souvent une sensation dans les **oreilles**, pouvant aller de la simple gêne à la douleur intense. Le craquement dans vos oreilles est dû à la diminution de la pression dans la cabine de l'avion qui passe en dessous du niveau standard de pression atmosphérique. Un avion de ligne commercial voyage à environ **11 kilomètres d'altitude** ; c'est en partie pour économiser du carburant (la résistance de l'air étant moindre à cette hauteur), et pour être bien au-dessus des phénomènes météorologiques qui rendent le vol pénible. À cette hauteur, la pression atmosphérique est trop faible pour que l'air soit respirable, il y a à peine un quart du taux d'oxygène que l'on trouve au sol, et donc la **cabine est pressurisée**.

En principe, la cabine pourrait avoir une pression identique à celle du niveau de la mer mais plus il y a de pression, plus l'avion doit être lourd pour rester hermétique, c'est le problème. Il a été décidé arbitrairement que la **pression acceptable** en cabine était équivalente à celle que l'on trouve entre 1 500 et 1 800 mètres au-dessus du niveau de la mer, ce qui correspond à l'altitude des villes les plus hautes sur Terre, comme par exemple **Mexico**. La pression à 1 800 mètres est d'environ 80 % de celle au niveau de la mer, ce qui veut dire qu'il y a quatre cinquièmes de l'oxygène habituel. À 2 500 mètres, on est à 75 % de la pression normale.

Cette pression réduite peut vous faire sentir un tantinet essoufflé ou fatigué, mais son principal effet sera sur vos oreilles. Tandis que la pression autour de vous diminue, toutes les poches de gaz à l'intérieur de votre corps vont se **dilater**. L'inconfort que vous pouvez ressentir est dû à l'air dans la **trompe d'Eustache** qui relie votre nez à votre bouche. Quand la pression à l'extérieur diminue, la poche d'air à l'intérieur se dilate et appuie sur votre tympan, créant une gêne jusqu'à ce que vous égalisiez la pression en déglutissant, en baillant, ou en appliquant la manœuvre de Valsalva qui consiste à vous boucher le nez et à souffler doucement.

Le travail des ailes

Les moteurs de l'avion seuls ne suffisent pas à vous faire décoller, ce sont les ailes que vous devrez remercier. Avancer à grande vitesse ne vous empêcherait pas de **retomber** au sol !

Imaginez un instant que vous êtes au sol avec un pistolet dans une main et une balle identique à celle qui est dans l'arme, dans l'autre main. Si, au même moment, vous laissez tomber la balle et que vous tirez horizontalement avec votre pistolet, quelle balle touchera le sol en premier ? La tendance naturelle serait de dire que c'est celle que vous tenez en main, alors qu'en réalité, les deux balles touchent le sol **au même moment**. La balle que vous aurez tirée avec l'arme tombe exactement à la même vitesse que l'autre.

EXPÉRIENCE

FAITES-VOUS DÉCOLLER

Il est très simple de recréer l'effet qui soulève votre avion dans les airs. Déchirez une bande de papier. Si vous prenez une feuille A4 ou du papier à lettre, et que vous la pliez en deux dans le sens de la longueur, alors repliez-la en deux dans le même sens et vous aurez le bout de papier idéal. Déchirez-le et tenez-le de façon à ce que l'extrémité la plus éloignée de vous pende dans le vide. Ensuite, mettez l'extrémité que vous tenez devant votre visage, juste sous vos lèvres. Enfin, soufflez de manière constante et continue le long du papier.

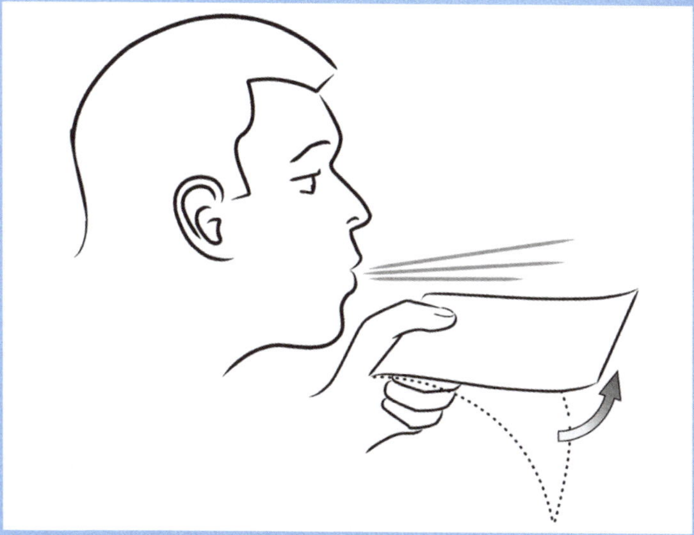

Figure 6 | La portance d'une feuille de papier.

Votre papier va se soulever et ne plus pendre. La portance va s'exercer sur le papier, tout comme sur l'aile d'un avion. Cette portance, comme nous le verrons, est due à l'air qui se déplace différemment au-dessus de la surface portée, ici votre papier, et en dessous. Dans votre expérience réalisée avec du papier, l'air ne se déplace pas du tout sous la feuille mais c'est assez différent avec une aile d'avion.

Donc la vitesse ne suffit pas. Il vous faut de la **portance**, une force verticale allant vers le haut pour contrer la gravité et soulever l'avion du sol. C'est le travail des ailes. Quand un oiseau bat des ailes, la source de cette poussée ascensionnelle est assez évidente. L'aile qui bat, pousse l'air vers le bas, et comme pour le moteur de l'avion, la troisième loi de Newton applique une poussée vers le haut sur l'aile et **soulève** l'oiseau. Mais que se passe-t-il quand un oiseau plane, ou quand un avion décolle et que les ailes sont fixes et ne battent pas pour pousser l'air ? L'effet est assez inattendu.

L'aile a été conçue avec une surface courbe pendante sur le dessus. Tout comme avec votre feuille de papier, quand l'air souffle sur cette forme courbée, il en résulte une force de portance qui pousse l'aile vers le haut. La forme de l'aile, appelée **profil** ou surface portante, transperce alors l'atmosphère et dévie le courant d'air vers une autre direction. Comme la surface portante exerce une force sur l'air (revoilà la troisième loi de Newton), l'aile est poussée dans la direction opposée. Notons que pendant longtemps, l'explication la plus commune de la portance d'un avion était erronée.

En effet, vous avez peut-être entendu dire que les **ailes** ont une forme particulière qui fait que l'air parcourt une plus grande distance au-dessus de l'aile que celle parcourue en dessous. Comme l'air a une plus grande distance à parcourir au-dessus, d'après cette explication, les molécules d'air iront plus vite pour ne pas se laisser distancer par l'air qui passe en dessous, ce qui aura pour effet de réduire l'air qui passe au-dessus de l'aile. Et s'il y a moins d'air quelque part, la pression sur la surface supérieure chute. Ce qui implique que l'aile ressentirait une poussée vers le haut.

Il est vrai que si l'air se déplace plus vite au-dessus de l'aile, cela génèrera une portance, mais la différence de longueur entre les deux chemins possibles n'a rien à voir avec cela. Il n'y a **aucune raison** pour que l'air qui passe au-dessus essaye de rattraper l'air passant en dessous. Il se trouve d'ailleurs que la vitesse à laquelle se déplace l'air passant au-dessus de l'aile est plus grande que nécessaire pour rattraper l'air passant en dessous. Cet effet n'a rien à voir avec la différence de longueur entre le dessus et le dessous de la surface portante. Cela dépend de la manière complexe dont un fluide comme l'air se déplace.

Pour bien comprendre ce qui se passe, il nous faut d'abord revoir brièvement la seconde loi de Newton : la force de pesanteur est égale à la masse multipliée par l'accélération. S'il y a une accélération, il doit y avoir une force. Mais qu'est-ce que l'accélération ? On pense généralement qu'il s'agit d'un changement de **vitesse**. Aller de 0 à 60 en six secondes, par exemple. L'accélération est en réalité un changement de vélocité, et non un changement de vitesse. La différence entre les deux est que la **vélocité** se compose à la fois d'une vitesse et d'une direction. C'est ce que l'on appelle un vecteur. Tout changement de la vélocité est une accélération, même si la vitesse reste la même et que seule la direction a été modifiée. Quand un objet décrit un cercle à vitesse constante, il accélère, et pour ce faire, l'accélération nécessite une force.

Imaginez donc l'air passant autour d'une aile. Il change de direction car il passe par la surface supérieure **bombée**. Cela veut dire que l'air accélère, et quand il redescend en suivant la forme de l'aile, l'accélération est vers le bas. Une force vers le bas est appliquée sur l'air par l'aile, et l'air exerce une force égale et opposée vers le haut sur l'aile.

Les gouvernes en action

Un effet semblable est utilisé pour diriger l'avion en utilisant des gouvernes. Il s'agit de **parties mobiles** de l'aile et de la queue qui peuvent être utilisées pour faire pencher l'avion et lui faire **changer de direction**. Chacune des trois principales gouvernes agit de la même façon : les ailerons, qui sont de longues bandes à l'arrière de l'aile ; le gouvernail, qui se trouve sur l'empennage vertical de la queue, et les élévateurs, sur l'empennage horizontal. Les **ailerons** sont utilisés pour incliner l'avion à gauche et à droite, permettant ainsi le principal mécanisme de virage en l'air. Ils vont dans des directions opposées pour incliner l'avion, l'un va vers le haut, l'autre vers le bas, et le **gouvernail** est un moyen secondaire de contrôle. Les **élévateurs** vont tous les deux dans le même sens pour incliner l'avion vers l'avant ou vers l'arrière en l'air. Dans tous les cas, faire bouger les gouvernes entraîne un changement des forces agissant sur l'avion de la même manière que l'aile génère de la portance.

Si vous pouvez voir les ailes de votre siège, vous verrez aussi les extensions sur le bord de fuite de l'aile, se rétracter peu après le décollage, et sûrement se déployer avant l'atterrissage. Ce sont des **volets**. Ceux-ci ont un double effet sur l'aile. En augmentant sa surface, ils augmentent la poussée vers le haut. Cela permet à l'avion de voler de façon stable à faible vitesse, ce qui est crucial pour les atterrissages et souvent utile au décollage. Mais les volets augmentent aussi **la traînée**. Cette dernière est nécessaire à l'atterrissage car elle permet de réduire la vitesse en vol, phénomène que l'on veut éviter en vol normal. C'est pourquoi si les volets sont utilisés au décollage, ils seront vite rentrés pour réduire la traînée. Si vous regardez sous les ailes, vous verrez en principe une série de contrefiches longitudinales qui abritent les carénages de mécanismes des volets (Flap track fairing) permettant de sortir et de rentrer les volets.

La traînée est la force vers l'arrière qui ralentit l'avion.

Une autre observation que vous pourrez faire si vous avez une vue sur les ailes est que celles-ci ne sont pas complètement rigides. Elles se tordent quand l'avion vole. Elles ne battent pas comme les ailes d'un oiseau, l'avion ne génère pas de portance ainsi. Elles se **tordent** simplement parce qu'il faut du temps aux mouvements verticaux du corps de l'avion pour atteindre le bout des ailes. Les bouts des ailes d'un gros avion de ligne peuvent osciller entre deux et trois mètres en vol, ce qui peut paraître énorme, mais reste mineur compte-tenu de leur tolérance à la torsion. Si une aile d'avion était totalement rigide, une **tension insoutenable** s'exercerait à la jonction entre les ailes et le fuselage. Rappelez-vous qu'un Boeing 747 pèse plus de 400 tonnes. Leur flexibilité permet aux ailes de supporter cette tension.

Lors des tests avant le vol du Boeing 787, les ailes ont été tordues de huit mètres sans casser, ce qui est remarquable.

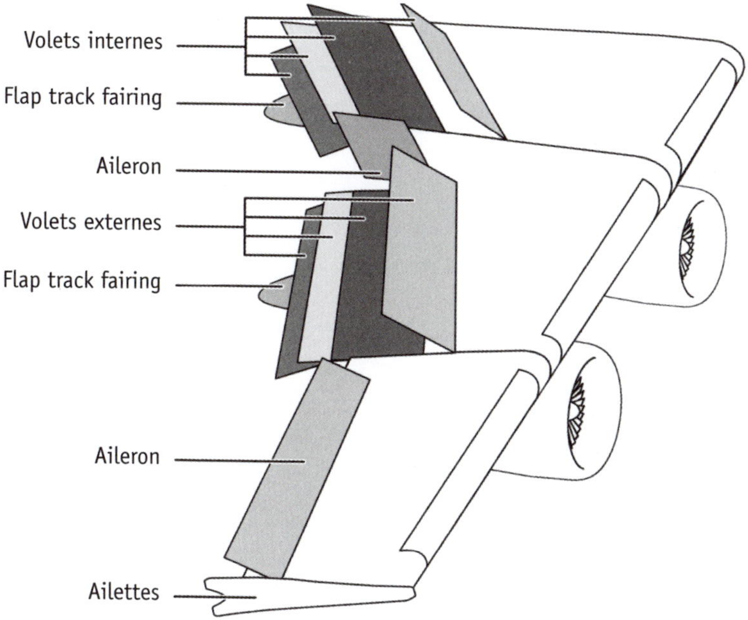

Figure 7 | Les composants d'une aile d'avion.

Sur des avions plus récents, vous pourrez également noter la présence d'**ailettes**, appelées *winglets*, qui ressemblent à de petites extensions verticales des ailes. Elles ne sont petites qu'en comparaison de la dimension de l'aile car elles font souvent la taille d'une personne moyenne. Les *winglets* ont deux effets. Elles permettent d'augmenter la portance pour une envergure d'aile donnée et de réduire la traînée. Cela est dû au fait que les bouts des ailes créent des **turbulences** sous la forme de vortex d'air, les mêmes tourbillons qui demandent un temps d'attente entre deux décollages à l'aéroport. L'ajout de *winglets* au bout des ailes permet de **couper ces vortex** et d'en réduire l'effet ainsi que la traînée. Certains avions modernes n'ont pas de *winglets* apparents mais ont une incurvation plus importante sur la partie extérieure de l'aile, ce qui produit le même effet.

EXPÉRIENCE

LES FORCES EN VOL

Quand un avion est en l'air, il est soumis à cinq forces majeures, qui représentent autant de contraintes pour se déplacer. Ces forces sont :

- ***la gravité** : elle attire l'avion vers le sol ;*
- ***la portance** : elle tire l'avion vers le haut au niveau des ailes ;*
- ***la poussée** : elle pousse l'avion vers l'avant en réponse au souffle des moteurs ;*
- ***la traînée** : due à la résistance de l'air, elle retient l'avion contre la poussée et la portance ;*
- ***la turbulence** : elle pousse l'avion dans toutes les directions en fonction des courants d'air auxquels l'avion est exposé.*

Si vous avez trois feuilles de papier A4 ou de papier à lettre à portée de main, vous pourriez démontrer plusieurs de ces effets. Votre but est de lancer chaque feuille aussi loin que possible. Pour des raisons de sociabilité, attendez d'être de retour au sol pour mener cette expérience. Lancez la première feuille sans la plier. Lancez la seconde après l'avoir froissée pour en faire une boulette. Enfin, lancez la troisième après l'avoir pliée pour en faire un avion en papier. Chaque feuille devrait aller plus loin que la précédente, à moins que vous ne sachiez pas faire un avion en papier. La force gravitationnelle exercée sur le papier, ainsi que la poussée générée par votre lancer, devraient être à peu près les mêmes dans chaque cas. À moins que votre papier ne traverse un courant d'air, il devrait y avoir peu de turbulence. Donc, les variables entre les trois lancers seront la portance et la traînée.

La première feuille, celle qui est dépliée, aura une traînée maximale car une grande surface est exposée à l'air. La traînée est causée par les molécules d'air s'écrasant sur la feuille et on retrouve la force des lois de Newton. Plus la surface est grande, plus il y aura de molécules d'air qui percuteront la feuille, donc plus de traînée. La seconde feuille, la boulette de papier, a moins de traînée car en la froissant vous avez réduit sa surface exposée à l'air et aux collisions avec ses molécules.

Mais la feuille dépliée et celle froissée auront peu de portance, tandis qu'un avion en papier correctement plié, qui pourrait avoir plus de traînée que la boulette de papier, devrait avoir nettement plus de portance, ce qui lui permet de voler plus loin que les autres feuilles.

L'exploration du paysage

Le mystère des champs

Après avoir quitté les abords de l'aéroport, vous entrez dans l'une des parties les plus fascinantes du vol. Comme vous volez assez bas pour voir les **détails au sol**, vous pouvez profiter de cette opportunité rare pour observer votre environnement, vu du ciel. De nos jours, tout le monde peut voir une photographie aérienne sur Internet, mais le réalisme et la vaste étendue du **champ de vision** dont vous jouissez depuis le hublot, vous permet d'observer en détail la ville et la campagne.

Si vous survolez des champs en été ou au début de l'automne, vous aurez peut-être la chance de voir des ***crop circles*** sous le meilleur angle.

> *Les* crop circles *sont également appelés cercles de cultures.*

Depuis le sol, il est souvent difficile d'identifier ce qui a été dessiné, mais vus du ciel, ces **gigantesques motifs** se révèlent être de véritables œuvres d'art. En principe, les *crop circles* sont simplement construits, mais souvent, diaboliquement complexes dans la conception.

ANECDOTES

À partir de la fin des années 1970, et pendant près de vingt ans, un grand mystère entourait la cause des crop circles *dans les champs des fermiers. Certains émettaient l'hypothèse qu'il s'agissait d'étranges phénomènes météorologiques comme des tourbillons insolites, voire même que c'était des messages laissés par des visiteurs extraterrestres, des signaux qu'ils se laissaient entre eux, ou à destination des humains. Beaucoup étaient d'accord pour dire que les motifs ne pouvaient avoir été faits par des êtres humains sans qu'il y ait davantage de dégâts autour des champs. Mais en 1991, deux hommes du sud de l'Angleterre, Doug Bower et Dave Chorley, ont reconnu être à l'origine de la folie des* crop circles.

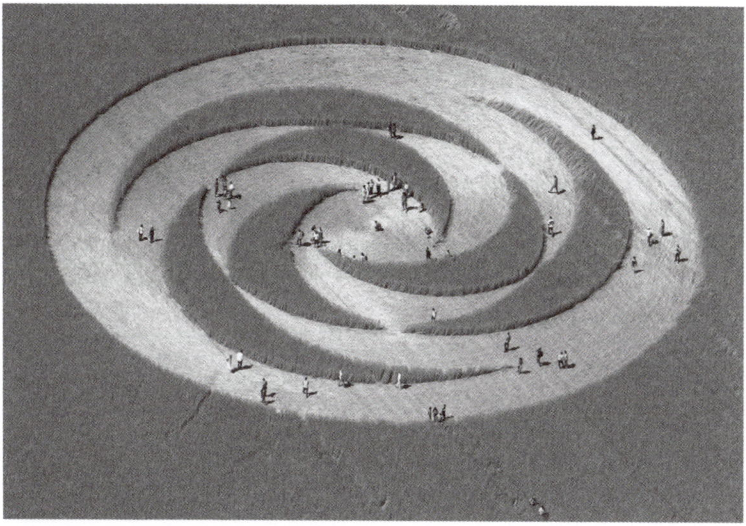

Figure 8 | Un *crop circle* dans un champ de maïs (Corcelles-près-Payerne en Suisse).

Doug Bower et Dave Chorley (voir encadré) donnèrent les **détails** de la construction des cercles ; ils aplatissaient des parties de cultures à l'aide de planches de bois, au bout desquelles une corde était attachée. Pour faire ces alignements en apparence précis, ils utilisaient un vieux chapeau muni d'une boucle de fil qui servait à l'ajustement de points de repère. Et comme ils n'avaient pas de machinerie lourde mais juste quelques hommes à pied, le reste des champs ne subissait pas de dégâts. Avec des **constructions** de cette taille, l'œil est plutôt indulgent, et les motifs sont souvent moins précis qu'il n'y paraît.

Beaucoup d'autres ont relevé le défi des *crop circles*, produisant des motifs de plus en plus complexes. Les **formes géométriques** restent les plus communes, bien qu'il y ait aussi des logos publicitaires et d'autres images du monde. Malgré cela, nombre d'adeptes continuent de croire à la possibilité de **l'origine extraterrestre** des *crop circles*. En théorie, ce n'est pas impossible, tout comme il est possible que le supermarché au bout de votre rue ait été construit par des extraterrestres si vous n'avez pas vu des humains le construire, mais cela reste peu probable !

Néanmoins, le débat sur l'origine des *crop circles* ne doit pas nous faire oublier qu'il s'agit d'art. De **l'art** qui utilise des champs comme toile et des planches comme pinceau, mais de l'art tout de même.

Les plaines de Nazca

Il n'y a rien de nouveau dans le fait de construire des œuvres d'art qu'il faut **observer du ciel.** Les plus théâtrales sont sans doute les lignes de Nazca dont les **motifs** sont produits de manière très simple, en enlevant la couche plus sombre de petites pierres, dans le désert, pour faire apparaître la couche inférieure de pierres plus claires. La couche enlevée n'est pas très profonde, parfois à peine dix centimètres et rarement plus du triple, mais il pleut tellement peu dans ce désert que les lignes et les motifs sont **restés visibles** depuis environ 1 500 ans.

Les lignes de Nazca se trouvent dans les zones désertiques et esseulées du Pérou.

Beaucoup des lignes de Nazca ne sont littéralement que des lignes droites ou des formes simples, mais il y en a aussi plusieurs qui représentent des **animaux stylisés** ayant été identifiés, d'un singe à un colibri. Ces motifs sont très grands, les plus grands faisant 200 à 250 mètres de large, tandis que les lignes peuvent s'étendre bien plus loin. Comme pour les *crop circles*, certains ont suggéré que les lignes de Nazca étaient dues aux **extraterrestres**, ou à des humains ayant été exposés à des extraterrestres et qui leur faisaient signe. Cela vient du fait qu'il est déconcertant que de tels motifs aient été faits à une époque où il n'était pas possible de les voir du sol. Pourquoi faire quelque chose qui n'est visible que du ciel si vous n'êtes pas capable de voler ? Tout cela semble être au-delà des capacités d'une culture relativement peu développée.

Figure 9 | Une petite partie des lignes de Nazca, coupées par l'autoroute panaméricaine (Nazca au Pérou).

Cette analyse ne tient pas compte de deux facteurs. Le premier est la tendance naturelle à utiliser une grande échelle quand on entreprend quelque chose dans une **dimension spirituelle**. Comparez une cathédrale médiévale comme la remarquable cathédrale de Chartres qui date du XIIIe siècle avec l'architecture d'une maison moyenne de l'époque. On pourrait facilement penser que les Européens primitifs du Moyen-Âge avec leurs petites cabanes étaient incapables de construire une structure aussi grande. Mais la cathédrale a été bâtie précisément dans le but de créer quelque chose qui dépasse l'échelle humaine, et que les concepteurs estiment être digne de Dieu.

Même sans la dimension spirituelle, nous avons une tendance naturelle à toujours vouloir voir de plus en plus grand dans les limites de ce qui nous est permis. Si vous observez les gens qui font des **constructions en sable** sur la plage, vous verrez que certaines sont étonnamment grandes. Les enfants font des lignes qui s'étirent sur plusieurs mètres, non pour envoyer un message aux extraterrestres, mais juste parce que c'est drôle ! Ils le font parce qu'ils le peuvent, même si il est impossible de voir leur dessin correctement depuis le sol. L'échelle fait partie de ce qui nous attire dans une toile aussi grande. En un sens, les lignes de Nazca sont similaires à l'art du sable, il se trouve juste que la plage est gigantesque et que les dessins resteront pendant des siècles plutôt que d'être effacés par la marée.

Le marquage à la craie

En survolant le Royaume-Uni, on peut voir d'autres créations de motifs à grande échelle comme les chevaux blancs (White Horses). Les chevaux blancs (bien que ce ne soit pas toujours des chevaux) sont dessinés à des endroits où le sol se compose d'une fine couche de terre reposant sur de la **craie**. En enlevant la pelouse et la terre, opération appelée gommage, l'artiste révèle une zone de craie bien blanche. Il ne reste qu'à découper selon la forme voulue, et on obtient la silhouette d'une créature, un cheval ou un homme. On peut également retirer toute une zone de terre pour produire une silhouette blanche pleine.

L'image du **cheval blanc d'Uffington** ressemble plus à un dragon (certains ont même dit, un chien), qu'à un cheval, mais l'image faite de quelques courbes presque abstraites reste saisissante. Depuis le ciel, on a une vue d'ensemble stupéfiante de la **gravure** qu'il est difficile de distinguer au niveau du sol. Il est cependant possible de deviner ce qui est dessiné, et une personne au sol peut en faire le tour en marchant, se servir de la forme comme d'un chemin de cérémonie et interagir avec lui, ce qui est également possible à Nazca. Ces dessins peuvent très bien avoir été faits pour que l'on marche dessus !

La plus célèbre de ces images de craie est probablement le cheval blanc d'Uffington qui aurait plus de 2000 ans !

Figure 10 | L'image du cheval blanc d'Uffington.

Il peut paraître impossible de dater ce qui n'est guère plus que de la terre enlevée, mais il y a deux **éléments de datage**. Tout d'abord, il y a celui par luminescence stimulée optiquement, qui analyse les modifications des minéraux par la **radiation naturelle**. Ces modifications arrivent de manière régulière et sont une espèce de « chronomètre » lancé quand quelque chose est enterré. Mais ce « chronomètre » repart à zéro lorsque le minéral est exposé à la lumière. En comparant la craie du cheval blanc à celle sous la terre juste à coté, on peut trouver une **estimation** de l'époque où l'image a été découpée. En même temps, la forme particulière de ce cheval apparaît sur plusieurs pièces datant de l'âge du fer, ce qui rend évident que cette gravure, ou une image très semblable existait il y a 2000 ans.

En un sens, les chevaux blancs en craie sont comme le corps humain. Les cellules du corps sont renouvelées constamment (même celles des os), donc au bout de quelques années, plus rien ne reste de votre ancien corps même si c'est toujours votre corps. De la même manière, la nature reprend progressivement ses droits sur les chevaux blancs alors que l'herbe repousse. Ils doivent être **gommés régulièrement**, en général tous les dix ans, pour conserver l'image.

EXPÉRIENCE

À QUELLE HAUTEUR ÊTES-VOUS ?

C'est une technique que nous allons utiliser un certain nombre de fois pour estimer l'altitude. Nous allons apprécier les distances en nous servant de géométrie basique. Si deux triangles ont les mêmes angles, alors les rapports des côtés équivalents seront proportionnels. Si le plus petit côté d'un triangle est deux fois plus grand que le petit côté de l'autre triangle, alors il en sera de même pour les autres paires de côtés équivalents.

En utilisant la même méthode, si je sais à quelle distance se trouve un objet que je tiens à bout de bras, et la taille de l'objet, je peux le comparer à un objet distant. Si je connais la taille approximative de cet objet lointain, je peux évaluer sa distance. C'est possible car on peut considérer la longueur de mon bras et la hauteur de ce que je tiens, comme deux côtés d'un triangle. La distance de l'objet hors de l'avion et sa hauteur sont les équivalents d'un triangle similaire beaucoup plus grand.

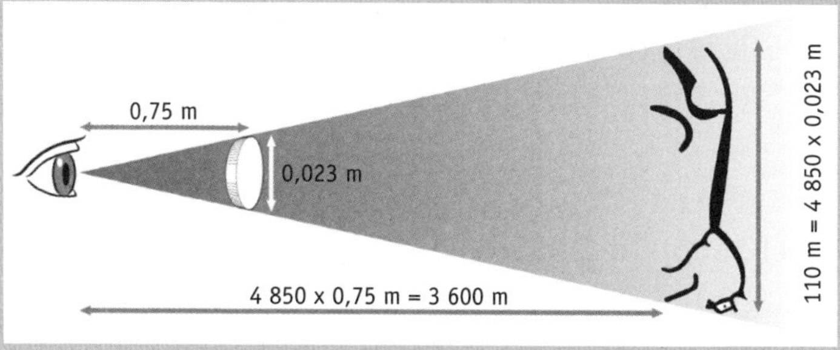

Figure 11 | Utilisation d'un objet tenu à bout de bras pour estimer une distance.

Le point de départ de cette technique consiste à connaître la distance entre votre œil et le bout de vos doigts, bras tendu. Mesurez cela quand vous le pourrez, mais si vous n'avez pas de mètre près de vous, je peux vous dire que pour moi, la mesure était d'environ 75 centimètres. Il vous faut maintenant quelques objets pour vous servir d'unité de mesure :

- *la pointe d'un stylo à bille mesure environ un millimètre, un mètre est mille fois plus grand ;*
- *un trou de perforatrice fait environ cinq millimètres de diamètre, un mètre est 200 fois plus grand ;*
- *une pièce de 1 euro fait environ 23 millimètres de diamètre, un mètre est 44 fois plus grand.*

Mesurez le diamètre de quelques pièces que vous aurez sûrement sur vous, pour vous en servir d'unité de mesure.

Maintenant il s'agit simplement d'estimer quelle taille mesure un objet donné. Par exemple, le cheval blanc d'Uffington mesure 110 mètres de long. Une voiture fait environ quatre mètres de long, un pavillon dix mètres, et une usine ou un entrepôt entre 100 et 200 mètres.

Imaginons que vous voyez le cheval blanc d'Uffington de la même taille que la pièce tenu à bout de bras. Un mètre est 44 fois plus grand qu'une pièce d'un euro. Donc, avec 110 mètres de long, le cheval est environ 4 850 fois plus grand que la pièce. Cela veut dire que la distance du cheval est 4 850 fois plus grande que celle entre votre œil et le bout de vos doigts. Vous êtes donc à 3 600 mètres du cheval quand vous faites cette comparaison.

Les traces du passé

Il n'est pas très compliqué de repérer quelque chose comme le cheval blanc d'Uffington ou les lignes de Nazca lorsque vous êtes au sol. Vous ne voyez peut-être pas aussi bien l'image qu'un passager dans son avion, mais vous ne pouvez pas manquer ces formations si vous les croisez. Il en est de même pour les plans d'une **grande ruine**, qui peuvent ressembler à des murs érigés aléatoirement vus du sol, mais qui peuvent révéler une structure détaillée vus du ciel. Depuis un avion, vous pouvez de plus voir au sol, plusieurs autres traces humaines que vous n'auriez pas vues même si vous vous teniez juste à côté.

Avec le temps, des maisons individuelles jusqu'à des villes entières ont été désertées. Cela se produit quand une **civilisation** quitte une zone, laissant derrière elle, des implantations de l'âge du fer ou des villas romaines. Cet abandon peut être dû au tarissement d'une source de travail (après l'épuisement d'une mine ou d'une terre cultivable). Initialement, les bâtiments délaissés étaient des ruines évidentes, comme le site d'Alésia en Bourgogne, mais il n'était pas rare que les matériaux de construction soient récupérés et utilisés ailleurs, tandis que les bâtiments peu solides (souvent faits de bois) subissaient les **ravages**

Figure 12 | Site de Old Sharum en Angleterre.

du temps. Les grandes abbayes et les châteaux peuvent encore être conservés après des centaines d'années d'abandon, mais les maisons deviennent, souvent, des fondations qui disparaissent sous terre. Il est possible de détecter de tels sites historiques et archéologiques en se servant des instruments appropriés. Les matériaux de construction des **fondations** auront généralement une densité différente du sol qui les entoure, un taux d'humidité distinct, ainsi que des propriétés atypiques que les détecteurs modernes peuvent relever. Mais il y a un moyen bien plus simple de repérer les anciens sites que vous pourrez utiliser en volant à basse altitude.

Le meilleur moment pour essayer cela est lors du décollage ou de l'atterrissage à **l'aube** ou au **crépuscule**. À cet instant, le Soleil est bas dans le ciel, et la lumière touche le sol à un angle aigu. Regardez les champs, particulièrement ceux près des villes. Admettons qu'il y ait eu une villa romaine ici, à un moment donné, qui ne serait plus que des fragments de murs sous terre, invisible à l'œil du promeneur au sol. Là où il y a un mur solide sous la surface, les **racines des plantes** seront limitées et leur croissance sera retardée autour de cette zone. Là où se trouve un fossé, les plantes seront un peu plus grandes et plus fournies que d'habitude.

Cette variation n'est pas observable depuis le sol. Mais quand la lumière arrive à angle faible, les plantes plus grandes ont une **ombre visible**. Depuis le ciel, ces ombres ainsi que les petites différences de coloration entre les plantes chétives et celles plus abondantes font apparaître les formes d'un bâtiment. Dans un champ, les plans d'un bâtiment caché peuvent se révéler sous la forme d'une ombre. Des sites archéologiques entiers ont été **découverts** ainsi. Si vous avez la chance de repérer une construction cachée comme cela, vous verrez une structure qui n'a peut-être pas été visible du sol pendant mille ans ou plus, ramenée à la vie par une combinaison de végétaux et d'ombres exagérées projetées par le Soleil bas. Attention à ne pas confondre les lignes laissées par les **roues d'un tracteur** au milieu d'un champ avec ce genre de traces ombragées. Elles devraient être plus ouvertes que des formes fermées, et plus clairement dessinées que les différences subtiles d'ombre et de lumière que vous cherchez.

Suivre le cours de l'eau

En plus des vestiges de structures artificielles, on peut aussi observer du ciel, de manière plus précise, la façon dont certaines **formations naturelles** ont évolué. Les rivières et les ruisseaux en sont un parfait exemple. Les premières étapes de la formation d'un ruisseau sont très différentes du cours d'une rivière mature. Alors que l'eau s'écoule de zones plus ou moins élevées, les **ruisseaux** commencent à former une structure qui ressemble aux brindilles et aux branches d'un arbre (cette forme est appelée dendritique, qui ressemble à un arbre), bien qu'ici, la forme soit à l'envers. En effet lorsqu'un arbre grandit en branches et en brindilles, l'eau va des brindilles aux branches pour finalement aller nourrir le tronc principal.

Il y a deux phénomènes scientifiques fascinants visibles dans la formation de ces jeunes ruisseaux : le système d'auto-formation et les fractals.

EXPÉRIENCE

LES SYSTÈMES D'AUTO-FORMATION

Vous ne pouvez pas faire cela à bord, il vous faudra attendre d'être chez vous.

Recouvrez un petit plateau, de cire. Un meilleur résultat est obtenu en faisant fondre la cire et en la versant sur le plateau. Pour la faire fondre, mettez la cire dans un bol que vous plongerez dans une casserole d'eau bouillante. Essayez de faire une couche homogène de cire sur le plateau, puis laissez sécher.

Ensuite, prenez le plateau et mettez-le de travers dans l'évier, de sorte que l'eau puisse s'écouler dessus. Faites couler un petit filet d'eau chaude en haut au milieu du plateau, afin qu'il descende la pente. Attention à ne pas vous brûler avec l'eau chaude ! Au début, l'eau glisse partout sur la cire, mais à mesure que celle-ci commence à fondre, des canaux vont se former à la surface. Une fois que ces canaux sont formés, l'eau aura tendance à suivre ces chemins, ce qui fera fondre encore plus la cire et creuser davantage les canaux, les rendant plus larges et profonds. Plus les canaux sont gros, plus la quantité d'eau les empruntant est grande. Et ainsi de suite.

Les **systèmes d'auto-formation**, comme ceux formés par l'eau chaude sur la cire (cf. encadré expérience), sont fascinants car au départ, il n'y avait aucun schéma particulier. Le fluide (l'eau chaude avec la cire, l'eau de drainage dans la formation des ruisseaux) parcourt la surface de manière chaotique, influencé par de petites variations de niveau. Au fur et à mesure que le fluide s'écoule, il commence à éroder la surface. Dès qu'un petit canal a été formé, de plus en plus d'eau s'écoulera par ce canal, renforçant le schéma initial.

Le **cerveau** se trouve aussi être un système d'auto-formation. Sa structure principale pour retenir les informations est constituée de plusieurs millions de cellules spéciales appelées neurones. Chaque **neurone** peut être relié à des centaines voire des milliers d'autres neurones par des petits filaments appelés dendrites. Ce sont ces connexions qui semblent représenter les souvenirs ou autres informations stockées, et au départ elles sont plutôt fragiles. Mais une fois qu'elles sont établies, si elles sont réutilisées, elles deviennent plus durables. Ces **connexions** renforcées sont plus faciles à utiliser, et ont donc tendance à être plus souvent sollicitées. Une fois qu'un schéma initial a émergé, il se renforce de lui-même.

Fascinants fractals

Le second phénomène scientifique intéressant dans la formation des ruisseaux, les fractals, est également relié à la **nature chaotique** de la formation de ces structures. Il ne s'agit pas du chaos dans le sens où les journaux aiment à en parler, à savoir l'épouvantable désordre. « Chaos » est ici utilisé dans le **sens mathématique** du terme. Les systèmes mathématiquement chaotiques dépendent beaucoup du commencement des choses. Un léger changement initial peut faire une grande différence dans le développement du système. On décrit souvent cela comme « **l'effet papillon** », en partant du principe qu'un battement d'ailes de papillon pourrait causer une tempête sur un autre continent. C'est une simplification extrême, mais elle montre bien le concept.

Si vous regardez le système dans son ensemble, puis que vous en prenez une fraction que vous **zoomez**, celle-ci aura une structure très similaire au système entier. Les arbres sont autosimilaires, et il en va de même pour les structures en forme d'arbre des ruisseaux. Une forme fractale se développe car de **grands changements** de direction de l'écoulement de l'eau sont influencés par de petites variations du terrain : la recette classique du chaos mathématique.

Les fractals sont des systèmes géométriques chaotiques qui sont « autosimilaires ».

La formation des méandres

Alors que le « tronc » principal du ruisseau ou de la rivière s'agrandit, il finira par faire des méandres. Encore une fois, il s'agit d'un **événement chaotique** où un petit changement des conditions initiales cause, avec le temps, de grandes variations. En raison des remaniements de la configuration du terrain, la formation d'un cours d'eau a peu de chance de suivre une trajectoire rectiligne. Si on regarde de près, un segment où l'eau **tourne légèrement** à gauche en s'écoulant, l'eau se trouvant du côté gauche du courant, aura une distance moins longue à parcourir que l'eau se trouvant à droite.

Quand l'eau coule dans ce courant, **deux événements** vont se produire. Si l'on pense à l'eau s'écoulant dans la courbe, le flux ira plus vite à gauche (à l'intérieur du virage) qu'à droite (à l'extérieur). À première vue, on pourrait s'attendre au contraire. Imaginez un objet solide, avançant rapidement autour d'une courbure, on présume que la partie intérieure se déplace moins vite, parce qu'elle parcourt une distance plus petite dans un même temps.

Figure 13 | Les méandres bien développés des rivières Atlana et Koyuku en Alaska, aux États-Unis.

C'est pour cela que les roues des voitures doivent avoir un différentiel, pour que la roue à l'intérieur du virage puisse aller moins vite que celle à l'extérieur. Mais un ruisseau n'est pas un objet solide, c'est un **fluide**. Les différentes parties d'un ruisseau n'ont pas à se déplacer conjointement comme pour un objet solide.

Le mouvement plus rapide sur le côté gauche est dû à la conservation du moment cinétique. Pensez aux **patineurs artistiques** tournant sur eux-mêmes et ouvrant les bras. S'ils ramènent leurs bras vers eux, ils accélèrent. Le moment cinétique dépend de la distance entre la masse et le centre d'inertie et la vitesse de rotation. Le moment cinétique est conservé, il reste le même jusqu'à ce qu'une force soit appliquée. Quand le patineur ramène ses bras vers lui, le rayon du cercle est plus petit, donc la vitesse doit augmenter pour conserver le moment cinétique.

De la même manière, quand l'eau prend le rayon plus petit de l'intérieur du virage du ruisseau, elle **accélère** pour conserver le moment cinétique. C'est pour cela que l'eau exerce plus de pression sur la rive à l'extérieur du virage que sur celle à l'intérieur. Vous imaginez que les molécules d'eau du côté intérieur sont plus éloignées parce qu'elles accélèrent, d'où une pression plus faible.

Cette différence de pression est à l'origine de l'**apparition** d'un second courant, allant de l'extérieur vers l'intérieur du virage, entraînant avec lui des matériaux de la rive extérieure. La terre se déplace donc de la rive extérieure vers celle, intérieure, du virage, ce qui rend la courbure de celui-ci encore plus importante. Le virage s'agrandit du côté droit, ce qui agrandit également le virage à gauche dans le courant de l'eau.

Quand l'eau rejoint la partie droite après le virage, elle prend un virage à droite, et un phénomène similaire se produit, ce virage à droite s'agrandissant avec le temps. Tout cela donne un parcours sinueux qui se tord dans un sens puis dans l'autre, mais pas de manière régulière puisque le courant est influencé par toutes les petites différences du départ. Alors que le processus continue, vous verrez souvent des « barres de méandre » se former. Il s'agit des **dépôts de sable** et de terre à l'intérieur de la courbe, qui forment une sorte de plage miniature à mesure que les matériaux sont acheminés de la rive extérieure à la rive intérieure.

Finalement, l'un de ces virages peut devenir tellement serré qu'il formera une boucle, séparant une partie du cours d'eau qui formera une petite courbe isolée en parallèle du ruisseau. On les appelle des **bras morts**, des étendues d'eau courbées le long des méandres des ruisseaux, des rivières ou des fleuves. Souvent il est difficile en se tenant à côté d'un cours d'eau, de voir globalement la progression de l'eau. Mais vu du ciel, il est bien plus simple de repérer les formations dendritiques des jeunes ruisseaux et les méandres des rivières, ainsi que les bras morts qui n'ont pas été comblés ou modifiés.

Les bras morts sont rarement laissés en paix bien longtemps dans beaucoup d'endroits, car seule une partie étonnamment petite du paysage est totalement naturelle, et n'a subi **aucune influence**

humaine. De gigantesques bandes de désert, de forêts, de toundra et d'étendues sauvages sont restées indemnes, mais n'importe où autour des habitations (soit presque partout en Europe), la main humaine a laissé son empreinte. Même la campagne qui peut sembler naturelle, par exemple, reste telle qu'elle est à cause des bêtes qui broutent l'herbe et des exploitations agricoles.

Bien qu'il y ait quelques caractéristiques naturelles, vu d'avion, il est généralement possible de repérer les différences entre la formation chaotique de la campagne naturelle et les aspects qui ont été changés par **l'intervention de l'Homme**. Vous pourrez peut-être voir des cultures en terrasses, construites à l'époque médiévale ou même plus tôt pour pouvoir cultiver des terres en pente, ou les deux types très différents de séparation de champs. Les délimitations plus anciennes, petites et irrégulières, sont formées en fonction des caractéristiques naturelles du terrain, tandis que les champs modernes, plus grands et faits de lignes droites, sont faits pour utiliser au mieux la machinerie agricole.

Comment grandit une ville ?

Quand vous survolez une zone habitée, pendant que vous êtes encore assez bas pour voir la **structuration des rues**, il est intéressant d'observer les différences entre les villes qui ont évolué et celles qui ont été **planifiées**. Comme les branches d'un arbre ou un ruisseau dendritique, les villes viennent d'un groupe de voies qui suivent des formations naturelles. Souvent, la présence d'une rivière ou d'un fleuve, procurant un moyen de communication et des réserves d'eau, ou la sécurité stratégique d'une colline, seront fondamentaux dans la formation de l'implantation humaine. On peut trouver beaucoup de courbes, des embranchements inattendus et des structures labyrinthiques.

Figure 14 | Une ville qui a évolué au cours du temps.

Plus tard, une tendance grandissante à adapter le territoire en fonction de la ville s'installe. Dans des **villes modernes**, vous pouvez voir des rivières et des fleuves redirigés vers des canaux créés par l'Homme, ainsi qu'une symétrie de plus en plus présente dans la formation des rues. Comme exemple extrême, il y a beaucoup de villes américaines qui sont organisées comme des **grilles**, mais on retrouve cela aussi dans les rues courbées symétriques des quartiers pavillonnaires modernes. Essayez de voir une ville ou un village dans son ensemble comme un objet qui prend forme, et qui se sert des routes comme des veines d'une feuille. Est-ce que cela ressemble à un objet naturel, ou à quelque chose de prémédité ?

En général, vu d'un avion, plus la zone d'habitation est vieille, plus elle aura une forme d'aspect naturel. Il y a quelques **exceptions**. Par exemple, certains des meilleurs développements modernes de banlieue imitent les formes plus naturelles d'un plan développé

Figure 15 | Une ville nouvelle, Manhattan aux États-Unis.

de ville, mais même ici, on peut voir la main de l'urbaniste dans la perfection de l'alignement des structures.

Il est difficile pour les architectes de créer un chaos fractal, alors que dans la nature, il n'y a pas de forme plus commune.

La côte infinie

Si vous partez d'une île comme la Corse, vous allez bientôt atteindre la côte. Regardez la bande côte visible. Quelle est sa taille d'après vous ? Servez-vous de n'importe quel objet identifiable (selon votre altitude il pourra s'agir de voitures, de maisons ou d'usines) comme d'une **échelle**. Comme précédemment, en guise d'approximation, une voiture mesure quatre mètres, un pavillon dix mètres, et une usine ou un entrepôt entre 100 et 200 mètres.

Voici une bonne occasion de tester notre technique d'**estimation** des distances (voir précédemment), en comparant un objet connu à quelque chose que l'on tient à bout de bras.

Figure 16 | Les contours complexes d'une côte accidentée en Provence-Alpes-Côte d'Azur, en France.

Votre estimation de la longueur de la bande de côte visible depuis votre hublot sera sûrement basée sur une ligne la plus droite possible le long de la côte, mais est-ce là une **mesure réaliste** ? Et si vous passiez par toutes les criques et les plis de la côte ? Alors la distance serait bien plus grande.

Il s'agit d'une version modèle réduit du problème « combien mesure la côte de la Corse ? » On peut définir une distance minimum pour le **périmètre** de celle-ci (ou d'une autre île) en définissant une norme de taille et en ne comptant pas les avancées de mer et de terre plus petites, mais comme on mesure de plus en plus en détail, alors la longueur peut augmenter indéfiniment. En théorie, mathématiquement du moins, la côte peut se retrouver avec **une longueur infinie**.

EXPÉRIENCE

UNE CÔTE INFINIE

Pour cette expérience, il vous faut une feuille et un stylo. Si vous n'avez pas une main précise, il vous sera utile de prendre un objet en guise de règle. Dessinez un grand cercle, il n'a pas besoin d'être parfait, mais vous pouvez vous servir d'une petite assiette. À l'intérieur du cercle, dessinez un triangle équilatéral (tous les côtés sont égaux), de manière à ce que les angles touchent presque le cercle. Maintenant, au milieu de l'un des côtés du triangle, et en allant vers l'extérieur, dessinez un autre triangle équilatéral d'un tiers de la taille du premier (pour ce faire, divisez approximativement le côté du premier triangle en trois et servez-vous de cette mesure pour tracer le deuxième triangle).

Maintenant faites la même chose sur l'un des côtés extérieurs du second triangle, ajoutez un nouveau triangle plus petit avec la pointe vers l'extérieur (d'un tiers de la taille du triangle précédent). Répétez ce processus autant que vous voudrez.

Pour que l'effet soit complet, il vous faudra dessiner un second niveau de triangles dont les pointes seront à l'extérieur du premier triangle, puis un troisième niveau de triangles avec les pointes à l'extérieur des seconds triangles, et ainsi de suite.

La forme que vous construisez s'appelle une courbe de Koch. C'est intéressant car elle couvre une surface finie, elle ne sortira jamais du cercle, mais la longueur du périmètre de la courbe de Koch peut continuer d'augmenter au fur et à mesure que vous ajoutez des triangles jusqu'à devenir infinie.

C'est un peu comme le périmètre d'une île. La longueur du tour du triangle de départ est plus petite que la circonférence du cercle, mais quand on ajoute tous les replis elle devient infiniment longue.

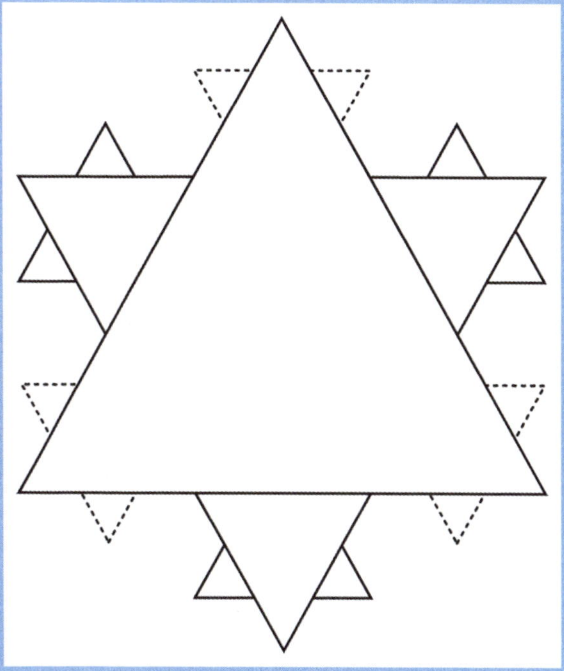

Figure 17 | Les premières étapes de la construction d'une courbe de Koch.

Comme la feuille ou la forme d'arbre des jeunes cours d'eau, la courbe de Koch est un **fractal**. Si l'on observe un sous-ensemble de la courbe, il sera similaire à une partie plus grande de la courbe. La courbe de Koch peut avoir un périmètre infiniment long car c'est une forme mathématique abstraite. C'est un peu différent avec la côte d'une île. Bien qu'en principe vous puissiez ajouter de plus en plus de replis dans votre mesure du périmètre, il s'agit d'un **objet physique** fait d'atomes. Vos replis finiront par atteindre l'échelle atomique et vous ne pourrez pas aller plus loin. La côte de l'île n'est donc pas infinie, mais elle n'en demeure pas moins très, très longue.

Le plus intéressant ici, est peut-être que la distance est arbitraire. On ne peut honnêtement pas dire quelle est la longueur de la côte d'une île. Nous avons l'habitude que la science nous apporte des réponses précises, mais il s'agit d'un cas où **plusieurs réponses** sont aussi **correctes** les unes que les autres, en fonction de ce que vous comptez en faire. Il n'y a pas une seule bonne réponse en ce qui concerne la longueur d'une côte.

La gravité gagne toujours

Les rivières, dont nous avons parlées précédemment, se jettent dans des fleuves qui finiront à terme par rejoindre la mer. Les enfants (ainsi que certains anciens philosophes) ont tendance à penser que tous les fleuves vont vers la mer... parce que c'est ce que font les fleuves ! Tout cela est manifestement faux, on peut trouver des cours d'eau qui naissent près de la côte puis qui s'enfoncent dans les terres, à l'opposé de la mer. En réalité, les cours d'eau descendent la pente. Ils n'ont pas le choix, ils dépendent de la **gravité**. Il est capital de comprendre la force de gravité, non seulement pour **suivre le chemin** des rivières, mais aussi pour mieux saisir pourquoi vous restez en l'air. Cela peut sembler direct, mais on ne fait pas toujours de bonnes hypothèses sur les forces…

EXPÉRIENCE

LES CHAMPS DE FORCE

Pour cette expérience, vous allez lancer une balle en l'air. Si vous êtes à bord d'un avion, utilisez une boulette de papier, mais ne la lancez pas trop haut. Lancez-la doucement en l'air pour qu'elle prenne environ un mètre de hauteur, puis attrapez-la quand elle retombe. Observez la balle alors qu'elle accomplit son trajet en vol.

Recommencez quelques fois. Essayez de distinguer trois phases différentes :

- *la balle s'élève dans les airs ;*
- *elle atteint le sommet de son mouvement ;*
- *elle redescend vers votre main.*

Réfléchissez à chacune de ces phases de mouvement. En ignorant la résistance de l'air, quelle est la direction des forces agissant sur la balle juste après qu'elle ait quitté votre main et qu'elle va vers le haut, quand elle atteint le sommet de son vol, et pendant sa descente ?

Cela peut paraître surprenant, mais si on ignore la résistance de l'air, il n'y a qu'une seule force identique qui agit sur la balle dans les trois cas. Cette force est la gravité, qui va vers le bas. Vous avez bel et bien exercé une force vers le haut avec votre main, mais dès que la balle a quitté votre main, la seule force présente est la gravité vers le bas. Cela veut dire que la balle accélère vers le bas tout au long de son mouvement. Quand elle commence à monter, le résultat de cette accélération est que la balle ralentit. Elle accélère dans la direction opposée à son mouvement.

Au sommet de son vol, la balle arrête de bouger. La force accélère toujours vers le bas. De manière similaire et plus évidente, quand elle redescend elle subit une force vers le bas et une accélération dans cette direction.

Ne vous inquiétez pas si vous ne pensiez pas ainsi au début. Quand cette question a été posée lors d'un sondage effectué auprès de professeurs de sciences (dont la plupart n'était certes pas des physiciens), la majorité s'était trompée. Ce n'est pas évident, mais quand votre avion se déplace, il est essentiel de comprendre les forces en jeu.

La force de gravité ne nous laisse pas le choix. Elle est toujours dirigée **vers le bas**, ou plus précisément, vers le centre de la Terre. Donc, puisqu'ils sont soumis à la gravité, les cours d'eau vont vers le bas. Généralement, la côte est le point le plus bas du terrain, localement, ce qui veut dire que la rivière finira par **rejoindre la mer**. Cependant, il est tout à fait possible qu'il y ait un point local plus bas. Dans ce cas, l'eau va s'y accumuler.

S'il n'y a qu'un petit filet d'eau qui passe par ce point, l'évaporation et l'infiltration pourront contrer le débit du courant et vous vous retrouverez avec un **lac stable**, alimenté par le cours d'eau. Autrement, le niveau de l'eau montera jusqu'à atteindre le point le plus bas des alentours et un nouveau cours d'eau auto-formant se dirigera vers un sol moins élevé.

De la rivière à la mer

Beaucoup de fleuves forment un **delta** quand ils rejoignent la mer. Ce développement prend beaucoup de temps, l'eau ayant transporté de petites quantités de sédiments jusqu'à la côte. Quand le fleuve se jette dans la mer, l'eau part dans toutes les directions et ralentit quand elle se dirige sur les côtés. Du coup, les **sédiments** qu'il transportait auront tendance à couler au fond, ce qui produit une saillie dans la mer et fait avancer la terre petit à petit avec le temps pour finalement former un delta.

Ce n'est pas le cas de tous les fleuves. Beaucoup ont une embouchure plus large et moins définie, où l'eau est à mi-chemin entre l'eau de mer et l'eau du fleuve. Il s'agit d'un estuaire, et il est souvent accompagné de vasières ou de grands espaces qui ne sont inondés qu'à certains moments.

Les ions sont des atomes qui ont gagné ou perdu des électrons.

La distinction entre l'eau de la mer et l'eau du fleuve repose généralement sur la différence entre **l'eau salée** et **l'eau douce.** Certes, si vous goûtez l'eau de mer, vous aurez une impression générale salée. Cependant, en réalité, l'eau de mer ne contient pas de sel mais plutôt des ions **sodium** et **chlorure** en plus de bien d'autres choses.

L'ion sodium a perdu un élec-tron, ce qui le rend chargé positivement, et l'ion chlorure en a gagné un, ce qui le rend chargé négativement.

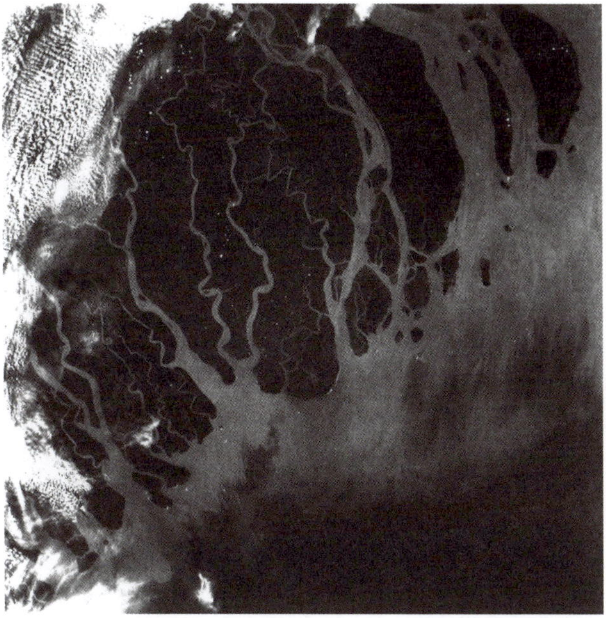

Figure 18 | Le delta du Gange au Bengale, en Inde, et au Bangladesh.

Tout seul, le **sodium** est un métal instable qui réagit de manière explosive avec l'eau. Quasiment tout le sodium sur Terre se trouve dans des composés. Ce sont des molécules qui contiennent différents atomes. Les molécules peuvent être composées d'un seul type d'atome, comme la molécule d'hydrogène H_2 qui n'est composée que de deux atomes d'hydrogène liés entre eux. Les ions de sodium dans la mer se retrouvent donc dans des matériaux minéraux comme le silicate de sodium (un composé fait de sodium, de silice et d'oxygène) ou le carbonate de sodium (un autre composé fait de sodium, de carbone et d'oxygène), qui se dissolvent au long de leur voyage, dans le fleuve jusqu'à la mer, ou quand l'eau de mer passe et se brise sur les roches appropriées.

Le **chlore** a également des effets spectaculaires quand il est seul. C'est un gaz de couleur verte, suffisamment toxique pour avoir été utilisé dans des attaques au gaz pendant la Première Guerre mondiale (des composés de chlore sont utilisés pour garder les piscines propres car il est également toxique pour la plupart des insectes). Dans l'eau de mer ordinaire, les deux ions, sodium et chlorure, flottent un peu partout sans plus s'associer entre eux que les autres ions présents dans la mer. Mais si vous faites évaporer de l'eau de mer, la concentration en ions augmente, le sodium chargé positivement est attiré par le chlore chargé négativement et ils se lient pour former des cristaux de chlorure de sodium, c'est-à-dire du **sel**.

Les ions de chlore dans la mer viennent principalement de volcans sous-marins et des cheminées hydrothermales qui crachent de grandes quantités de produits chimiques dans la mer.

De l'eau, de l'eau partout

Si vous parcourez une grande distance en avion, vous allez probablement passer une bonne partie de votre trajet au-dessus de l'eau. Un peu plus de **70 % de la surface** de la Terre, plus des deux tiers, sont couverts d'eau. Vue de l'espace, la principale caractéristique de la Terre est l'eau. Notre monde en est tout bleu. En arrondissant, il y a 1,4 milliards de kilomètres cubes d'eau sur Terre. C'est une quantité si importante qu'il est difficile de se la représenter. Un seul kilomètre cube (soit un cube rempli d'eau dont les côtés mesurent chacun un kilomètre) représente 1 000 000 000 000 de litres d'eau.

Alors pourquoi y a-t-il des **pénuries d'eau** ? Pourquoi l'agriculture échoue-t-elle dans de vastes espaces comme **l'Afrique** en raison du manque d'eau ? Si l'on divise la quantité d'eau dans le monde par le nombre d'habitants, on obtient 0,2 kilomètre cube d'eau par personne, soit 212 100 000 000 de litres.

Si vous convertissez ce volume sous la forme de bouteilles d'un litre et que vous les empilez, votre pile mesurerait environ 10 millions de kilomètres de haut, soit 26 fois la distance de la Terre à la Lune. Avec une **consommation raisonnable** de 5 litres par jour par personne, les réserves d'eau sur Terre ne s'épuiseraient pas avant 116 219 178 ans. Et cela, en considérant que l'eau ne serait utilisée qu'une seule fois. En fait, une grande partie de l'eau que l'on « consomme » redevient vite accessible pour de nouvelles utilisations.

Bien évidemment, c'est plus compliqué que cette image simpliste ne le suggère. En réalité, on ne se contente pas de nos cinq litres par jour. Un consommateur occidental moyen utilise entre **5000 et 10000 litres par jour**. Une partie est utilisée pour le bain, arroser les jardins ou tirer la chasse d'eau, mais la grande majorité de notre consommation (bien au-delà de la consommation personnelle) est utilisée pour la production des biens et de la nourriture que l'on consomme. La production de la viande d'un hamburger seul peut nécessiter jusqu'à 3 000 litres et celle d'un kilogramme de café engloutira jusqu'à 20 000 litres d'eau.

Cependant, même avec 10 000 litres par jour, on devrait avoir assez d'eau pour tenir 57 000 ans sans avoir besoin de nous resservir de l'eau déjà utilisée. Alors d'où vient la crise ? Bien qu'il y ait énormément d'eau, la plupart n'est pas facile d'**accès**. Une partie est enfermée dans la glace ou dans le sous-sol, mais la grande majorité, environ 97 % de l'eau de la planète, se trouve dans les océans, et c'est sous cette forme que vous verrez le plus d'eau au cours de votre vol.

Il n'est pas particulièrement compliqué d'y accéder, en tous cas pour un pays qui a une côte, mais elle revient **chère** à l'utilisation. Le fait qu'un pays insulaire comme la Grande-Bretagne soit prêt à dépenser des sommes colossales dans des réservoirs pour collecter une quantité relativement petite d'eau douce, plutôt que d'utiliser le vaste réservoir naturel qu'est la mer, montre à quel point le processus de dessalement (transformer l'eau de mer en eau douce potable) est onéreux.

Les pénuries d'eau sont en fait des pénuries d'énergie. Si on disposait d'assez d'énergie à faible coût, on pourrait transporter n'importe où, presque sans effort, toute l'eau que l'on voudrait et la débarrasserait des impuretés comme le sel.

Quand vous traversez un océan comme l'Atlantique ou le Pacifique, vous pouvez vous rendre compte de la quantité d'eau présente. Car heure après heure, en voyageant à 800 km/h, vous ne voyez que de l'eau. Mais il ne s'agit pas d'une étendue d'eau uniforme. Même depuis l'avion, vous pouvez distinguer les crêtes blanches des vagues qui déferlent ainsi qu'une **grande variété de couleurs** allant du bleu très clair au vert, en passant par le gris et même le jaune. Les mers sont peut-être immenses mais elles ne sont pas des feuilles d'eau tristes et plates !

L'heure et la marée n'attendent personne

La marée est une des plus grandes **influences** que connaissent nos océans. Pendant des milliers d'années, la cause de ces montées et descentes quotidiennes du niveau de l'eau a fait débat. Galilée, excité par l'idée novatrice que la Terre tourne autour du Soleil, était convaincu que les marées étaient un effet secondaire du mouvement de la Terre. Il pensait qu'alors que la Terre parcourait son orbite à toute allure et qu'en tournant sur elle-même, elle poussait l'eau d'un côté, un peu comme un passager qui serait projeté contre la portière d'une voiture prenant un virage à grande vitesse. C'était un des principaux arguments de **Galilée** pour soutenir la thèse que la Terre tourne autour du Soleil. Il y avait un petit problème : sa théorie ne prévoyait qu'une marée par jour, alors qu'il y en a deux. Certains contemporains de Galilée suspectaient la Lune d'être responsable des marées, vu qu'il y avait une claire corrélation entre la montée et la descente de la mer et la position de Lune dans le ciel. Ils suggérèrent que c'était la lumière de la Lune qui exerçait une influence étrange sur l'eau. Cependant, cette théorie fut écartée car on remarqua que la présence de nuages ne changeait en rien la force de la marée. Aujourd'hui, nous savons que c'est l'**attraction gravitationnelle** du Soleil et de la Lune qui est responsable des marées.

Si on laisse de côté l'effet du Soleil, qui produit les variations saisonnières, la Lune fait tout le « sale boulot ». Imaginez la Terre et la Lune suspendues dans l'espace. L'attraction gravitationnelle de la Terre attire la Lune, et la Lune attire la Terre. La force de gravité est plus faible quand vous êtes plus loin de la **source de l'attraction**, donc le côté de la Terre se trouvant plus près de la Lune ressent une attraction plus forte que le côté de la Terre le plus éloigné (côté opposé).

L'eau de la mer faisant face à la Lune se gonfle en direction du ciel. Comme l'attraction gravitationnelle de la Lune est plus faible du côté opposé de la Terre, l'eau est moins attirée en direction de la Lune,

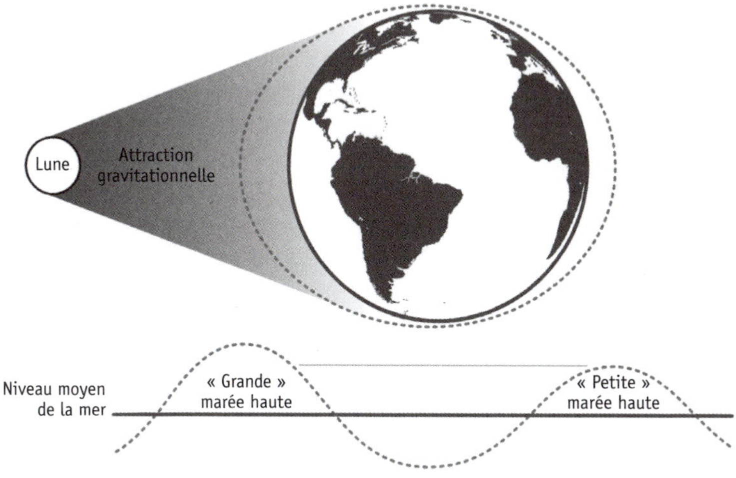

Figure 19 | Les marées produites par l'attraction gravitationnelle de la Lune.

et elle se dégonfle. Le résultat est qu'il y a toujours **deux marées** hautes en cours, à un moment donné, l'une du côté de la Terre face à la Lune, l'autre du côté opposé. Ces marées font le tour de la Terre en suivant la **position de la Lune** dans le ciel.

S'il y avait de l'eau sur la surface de la Lune, l'effet équivalent serait étonnamment puissant. Des marées sur la Lune, causées par l'attraction gravitationnelle de la Terre provoqueraient des **tsunamis permanents**. La Terre est environ 80 fois plus grosse que la Lune, et la force de gravité augmente avec la masse. Si la masse est doublée, il en est de même pour la force. Donc, pour une quantité d'eau similaire, l'effet de marée généré sur la Lune par la Terre serait **80 fois plus grand** que celui exercé par la Lune sur la Terre.

Cela peut paraître trop important si vous avez entendu que la gravité à la surface de la Lune vaut un sixième de celle à la surface de la Terre. Pensez à ces images des **astronautes** qui bondissent sur la surface de la Lune. Comment l'attraction gravitationnelle de la Terre peut-elle être 80 fois plus importante que celle de la Lune, mais que la force de gravité sur Terre soit seulement six fois plus forte ?

C'est parce que la force gravitationnelle que vous ressentez est **altérée** à la fois par la masse du corps qui vous attire et par le carré de la distance qui vous sépare de son centre. La masse de la Lune est 80 fois plus petite que celle de la Terre mais son rayon est 3,6 fois plus petit. Sur la Lune, vous êtes donc proportionnellement plus près du centre du corps. Cela implique que si la Lune avait la même masse que la Terre, vous ressentiriez 13 fois ($3,6 \times 3,6$) plus la force gravitationnelle. Avec $1/80^e$ de la masse, vous ressentez $13/80^e$ de la force, soit environ un sixième.

Au sommet de la vague

Contrairement aux marées, les vagues que l'on voit onduler sur l'eau ne sont pas causées par la Lune mais ne dépendent que du

Soleil. Ce sont la chaleur et la lumière du Soleil qui alimentent nos systèmes météorologiques, ce qui inclut le vent et les vagues générées par le **vent**. Les tsunamis sont une exception, ils sont produits par des tremblements de terre et des glissements de terrain, mais la majorité des vagues sont produites par le vent qui souffle sur la surface de la mer.

EXPÉRIENCE

LES MICRO VAGUES

Prenez un verre rempli environ aux trois quarts. Secouez le verre brusquement, attention à ne pas éclabousser votre voisin si vous êtes dans l'avion. La vague obtenue est similaire à un tsunami. Il y a une seule vague résultant d'un choc comme un tremblement de terre, qui traverse la mer en emportant une grande quantité d'eau.

Maintenant, approchez vos lèvres du bord du verre et soufflez doucement sur l'eau. Vous devriez pouvoir observer de petites rides dans l'eau. Ce sont des vagues dues au vent, comme celles de la mer.

Si vous regardez les vagues, l'eau semble se déplacer en même temps mais c'est une erreur. Si les vagues ordinaires se déplaçaient vraiment comme elles semblent le faire, elles iraient bien **plus loin sur la plage** qu'elles ne le font, comme un tsunami qui lui se déplace. Les vagues, que l'on voit tous les jours sur la côte ou au milieu de l'océan, impliquent un mouvement de l'eau de la forme d'un cercle aplati, faisant le tour du sommet de la vague vers le dessous, puis à nouveau vers le sommet et ainsi de suite. La vague avance, la forme se déplace constamment, mais la majeure partie de l'eau ne bouge pas.

Beaucoup des vagues que l'on peut voir au sol peuvent être difficilement repérables depuis le ciel, car elles ne sont qu'un **changement de forme** d'une matière transparente. Ce que l'on peut repérer en revanche, ce sont les vagues qui déferlent, également appelés brisants, moutons ou moutonnements. On les retrouve le plus souvent près du bord, car les vagues ont plus tendance à déferler quand il y a peu de profondeur, mais elles sont visibles aussi, au large.

Plus la vague est proche de déferler, plus sa taille grandit. Plus la vague est haute, plus l'angle à l'avant sera pentu, jusqu'à ce que le sommet finisse par retomber, faisant déferler la vague. Cela arrive en **eau peu profonde** car plus la vague avance vers la côte, moins il y a de place en dessous pour le courant d'eau. Comme nous l'avons vu, l'eau dans la vague se déplace en un mouvement cyclique circulaire, et ce cercle est aplati de plus en plus à mesure que le fond se rapproche, forçant le sommet de la vague à s'élever.

La profondeur de l'eau a également un effet important sur la **direction** dans laquelle se dirige la vague. Pensez aux vagues sur la plage. Pourquoi vont-elles toujours vers le rivage même quand le vent souffle dans une autre direction ? La diminution de la profondeur ne change pas seulement la forme de la vague, mais aussi sa direction, et la dirige inexorablement vers la terre.

Figure 20 | Des vagues déferlant près du rivage à Cape Town, en Afrique du Sud.

Le déferlement des vagues ne se limite pas au rivage. Il se produira partout où l'amplitude, c'est-à-dire la hauteur de la vague, est suffisamment grande. Cela peut arriver au milieu de l'océan s'il y a assez de vent, qu'il souffle longtemps et sur une grande étendue d'eau. Quand la vague déferle, l'eau passe d'un flot calme à un **flot turbulent** (nous avons encore des choses à voir sur les turbulences). La crête s'effondrant sur la mer et la turbulence emprisonne de l'air dans l'eau créant ainsi de la mousse. C'est cette mousse qui donne l'aspect blanc des crêtes que l'on a l'habitude de voir sur les brisants.

De quelle couleur est la mer ?

La couleur de la mer en elle-même varie beaucoup. Ce n'est pas très étonnant si l'on considère la grande variation de ce que l'on qualifie avec légèreté de « mer ». C'est comme si l'on appelait le paysage de **l'Everest au Grand Canyon** de la « terre ». Nous avons tendance à penser que la mer est plane et uniforme, mais il y a encore plus de variations sous l'eau que nous ne sommes habitués à en voir à la surface.

La mer a par exemple beaucoup à offrir en matière de montagnes. La chaîne médio-océanique est une ligne continue plus grande que le tour de la Terre. En terme de montagne, le **mont Mauna Kea** à Hawaii culmine à 4 200 mètres au-dessus du niveau de la mer, ce qui le met à égalité avec les plus hautes montagnes des Alpes. Mais si l'on commence à mesurer à partir de sa base sous-

La plus grande chaîne de montagnes au monde n'est pas l'Himalaya ni la Cordillère des Andes, mais la dorsale médio-océanique, une chaîne de montagnes sous-marine longue de 55 000 kilomètres qui traverse l'Atlantique, l'océan Indien et le haut du Pacifique, au large de la côte ouest américaine.

marine, il atteint les 10 200 mètres, faisant passer l'Everest et ses 8 800 mètres pour un nain !

Cependant, bien que Mauna Kea soit souvent qualifiée de montagne la plus haute du monde, tout dépend de ce que l'on considère comme étant une montagne car la mer compte des sommets bien plus hauts. La **fosse des Mariannes**, l'endroit le plus profond de l'océan découvert jusqu'à aujourd'hui, à l'est des Philippines, est réputé pour s'enfoncer au moins jusqu'à 11 000 mètres. Le bord de cette abîme sous-marine est donc encore plus élevé que le mont Mauna Kea par rapport au fond de la fosse. En comparaison, le Grand Canyon et ses 1 830 mètres de profondeur n'est qu'une ride sur la surface de la Terre.

Les variations de profondeur sont un facteur qui peut influencer la couleur de la mer quand on la voit du ciel. En eau peu profonde, **le fond**, qui peut être constitué du sable blanc brillant aux débris volcaniques noirs, aura un impact majeur sur la clarté de la couleur. Sur la côte, on peut voir des bleus brillants, des turquoises ou même des verts ou des gris. La description de la couleur de l'eau la plus étrange à nos yeux d'homme moderne, est peut-être celle de l'écrivain de la Grèce antique, **Homer**, qui la qualifiait de « vin sombre ». Cela semble être principalement dû au fait que les grecs envisageaient les couleurs en termes de lumière et d'ombre plutôt que de couleurs spécifiques du spectre. Les Grecs n'avaient pas de mot pour le bleu et décrire la couleur de la mer comme une nuance proche de celle du vin rouge faisait l'affaire !

Il existe une autre influence sur la couleur de l'eau qui la rend bleutée et qui donnera ainsi la même teinte à un fond de sable blanc. En fait, les molécules d'eau **absorbent** mieux l'énergie de la lumière rouge que celle des autres couleurs du spectre, ce qui laisse une nuance bleue à la **lumière** qui traverse de l'eau. La mer peut aussi prendre la coloration du ciel, un ciel gris sombre donnera toujours un air sombre et menaçant à la mer. Et il y a aussi tout ce qui flotte dans l'eau.

Tous les océans ne sont pas clairs comme du cristal. La mer autour de la Grande-Bretagne est en partie d'un bleu-vert glauque, du fait du mélange de matières biologiques, comme entre autres **les algues** et la vase. Mais toutes les eaux du Royaume-Uni ou en Europe ne sont pas comme cela. Il y a des côtes, aux Hébrides extérieures (Écosse) ou en Bretagne par exemple, qui vues du ciel, auront la même coloration claire qu'une **île tropicale**. Il est également possible, si vous volez au-dessus des océans, que vous croisiez des endroits où la mer doit sa couleur à une contribution humaine trop importante.

La plus grande **décharge** au monde se trouve dans l'océan Pacifique. Les courants maritimes ramènent les déchets flottants autour d'Hawaii, dans des zones appelées le vortex de déchets du Pacifique nord. Ensemble, ces **accumulations de débris**, qui ne sont pas assez solides pour être qualifiées d'îles, regroupent une quantité phénoménale de matériaux, estimée à plus de dix millions de tonnes et qui recouvre une surface plus grande que le Texas. Il existe des vortex de déchets similaires (mais plus petits) au nord de l'Atlantique et dans l'océan Indien.

Au-dessus des nuages

À l'intérieur des nuages

Jusque-là, la vue était superbe. Mais au cours de votre voyage, vous passerez sûrement à travers un nuage. Vu de l'intérieur de l'avion, il ressemble au **brouillard** mais vous finirez par vous en extirper et passer au-dessus pour découvrir une époustouflante étendue de nuages. Au-dessus d'eux, en journée, le Soleil brille toujours et le ciel est constamment bleu. Sous l'avion, vous verrez peut-être un duvet de nuages ébouriffés qui vous offre un **spectacle majestueux** alors qu'il s'étend jusqu'à l'horizon.

Il y a plusieurs types de nuages que vous pourrez peut-être remarquer alors que vous les traverserez ou les survolerez.

Avant de nous intéresser en détail aux **types de nuages**, il nous faut d'abord savoir ce qu'est un nuage. Il y a toujours de la vapeur d'eau dans l'air. On a tendance à penser que le jet de vapeur sortant d'une bouilloire est de la vapeur d'eau, mais c'est trompeur. C'est un **gaz invisible**, il s'agit de la forme gazeuse de l'eau, tout comme la glace en est la forme solide. Le jet de vapeur que l'on voit est, en fait, de la vapeur d'eau qui s'est condensée pour redevenir liquide et former de minuscules gouttelettes dans l'air.

Nous savons que l'eau bout à 100 °C, il peut donc sembler bizarre qu'il y ait toujours de la vapeur d'eau dans l'air, même à température ambiante. Imaginez la mer qui est la principale ressource mondiale en vapeur d'eau, à température ambiante. On appelle **température** la mesure de la vitesse des molécules dans une matière. Plus les molécules vont vite, plus elle sera élevée. Cependant la température est une histoire de statistiques. Toutes les molécules ne se déplacent pas à la vitesse que l'on pourrait attendre pour une température donnée mais leur vitesse sera plutôt **en moyenne** celle correspondant à cette température.

En pratique, certaines molécules se déplaceront bien plus lentement et d'autres bien plus vite que la moyenne. Comparées aux molécules d'eau sous la surface, celles qui sont à la surface et se déplacent plus vite, ont plus de chance d'aller plus loin avant de rencontrer une autre molécule. Certaines vont se déplacer tellement vite qu'elles pourront **échapper** à l'attraction électromagnétique des autres molécules de l'océan et **s'envoler** dans l'atmosphère. Si toutes les molécules de l'océan se déplaçaient aussi vite, il bouillirait. En l'état actuel des choses, à tout moment, l'eau perd déjà quelques molécules qui s'évaporent, et sur la vaste surface que représentent les océans, cela fait une grande quantité de vapeur d'eau.

Des molécules d'eau s'envolent donc sous forme de vapeur en permanence. Au même moment, des molécules d'eau dans l'air retombent dans l'océan. Peu importe les circonstances, il y aura toujours un **équilibre** entre l'eau qui s'évapore pour devenir de la vapeur et celle qui se condense pour redevenir liquide. La quantité de vapeur d'eau dans l'air est mesurée par son humidité.

Certaines molécules d'eau vont se regrouper dans l'air pour former de petites gouttelettes de liquide, ou en plus haute altitude, là où il fait plus froid, de petits cristaux de glace. Ces **gouttelettes** peuvent se former grâce à un changement de température, mais sont souvent initiées par des particules volantes comme des grains de poussière, de la fumée ou du pollen. Cela se produit même avec des **bactéries**. Il y a des milliards de bactéries dans l'air, ce qui semble être à l'origine d'une grande partie de la condensation de l'eau. Les gouttelettes d'eau en suspension, comme celles que vous voyez jaillir de la bouilloire, forment un nuage.

Après tout, l'eau étant plus lourde que l'air, le nuage devrait tomber... En effet, elle ne flotte pas dans les airs si on la verse d'un verre. Bien sûr, l'eau tombe du ciel sous forme de **pluie**, mais pourquoi les nuages ne tombent-ils pas du ciel sous forme de flaques ?

Une question évidente à laquelle on ne répond que rarement se pose : pourquoi les nuages ne tombent-ils pas du ciel ?

Les nuages n'ont rien de magique, ils subissent les lois de la gravité comme tout le reste. Mais ils tombent très, très **lentement** car les gouttelettes d'eau sont ridiculement petites, elles mesurent à peine un 100 000 000e de mètres de diamètre. À cette échelle, elles ne se comportent pas comme prévu. Bien que ces gouttelettes soient soumises exactement aux mêmes forces que les gouttes d'eau visibles, l'impact relatif de ces forces est différent.

La réponse surprenante est qu'en fait, les nuages tombent !

La force de gravité, qui dépend de la masse de la goutte, est de plus en plus faible. En même temps, plus l'objet est petit, plus la **résistance de l'air** aura d'influence. Comme les gouttelettes sont d'une taille similaire aux molécules d'air, contrairement aux gouttes qui sont plus grosses, elles subiront l'impact constant de l'air plus violemment. L'air agit sur une gouttelette d'eau dans un nuage comme de la mélasse très épaisse sur un roulement à billes. Une gouttelette mettrait **plus d'un an** à tomber d'un mètre. En pratique, les nuages ne restent pas assez longtemps pour qu'on les voie tomber.

PHYSIQUE

Quelles sont les couleurs d'un nuage ? Ils peuvent avoir toute une palette de couleurs. Par défaut, ils sont blancs parce qu'ils reflètent largement la lumière, mais ils sont mats comme la glace plutôt que brillant comme le métal. Les nuages plus fins peuvent prendre les couleurs du ciel, particulièrement au lever ou au coucher du Soleil où les rouges sont assez communs. D'autres seront bien plus sombres, allant des différents gris jusqu'à ce qu'ils semblent être noirs.

En réalité, ils n'iront pas plus loin que gris, mais notre combinaison œil/cerveau peut les faire paraître plus sombres qu'ils ne le sont. Vous pouvez observer cet effet si vous regardez une image de ciel nocturne ou d'Univers sur votre télévision. Ils ont l'air noirs, mais votre écran ne peut être plus noir qu'il ne l'est quand la télévision est éteinte, c'est-à-dire gris foncé. Votre cerveau vous trompe et vous fait croire que l'écran est noir. Les nuages s'obscurcissent quand les gouttelettes, dans le nuage, se regroupent pour former de plus grosses gouttes. Ce qui veut dire que la lumière a moins de chances d'être réfléchie par la surface. Certaines couleurs sont absorbées, ce qui donne une couleur plus sombre. On a tendance à associer les nuages sombres aux orages parce que les gouttes doivent s'accumuler pour devenir plus grosses avant de pouvoir tomber sous la forme de pluie.

Une aventure dans le repérage des nuages

Il y a différents types de nuages. Ils se caractérisent à la fois par l'altitude, la forme et la densité. Techniquement, ils tiennent aussi compte de la façon dont les nuages se déplacent et changent de forme, mais nous nous passerons de ces paramètres pour les connaissances de base. Ces différentes sortes sont utiles à connaître pour donner les **prévisions météorologiques** mais aussi pour le plaisir qu'ils nous procurent en les observant. D'un point de vue technique, il existe un grand nombre de types de nuages, environ 52, mais pour nos besoins, nous pouvons simplifier et les ramener à **dix catégories**. La classification originale identifiait trois familles de nuages. Il y avait les cirrus, du latin qui signifie « cheveu », du fait de leur aspect fin et clairsemé ; les cumulus « une pile ou un tas » pour des raisons évidentes ; et les stratus « couche ou pellicule », là encore pour des raisons évidentes.

La structuration précoce des nuages fut établie en 1802 par le pharmacien et météorologue amateur londonien, Luke Howard, et fut reprise entre autre, par le peintre paysagiste, John Constable, qui a écrit une multitude d'études sur les nuages.

En 1896, les nuages furent regroupés en neuf formes de base, chacune numérotées de un à neuf. On reconsidéra ce classement pour inclure dix formes, numérotées de un à dix. Cependant **l'Organisation météorologique mondiale** (OMM), l'organisme en charge de la numérotation, la changea à nouveau plus tard, pour qu'elle aille de zéro à neuf.

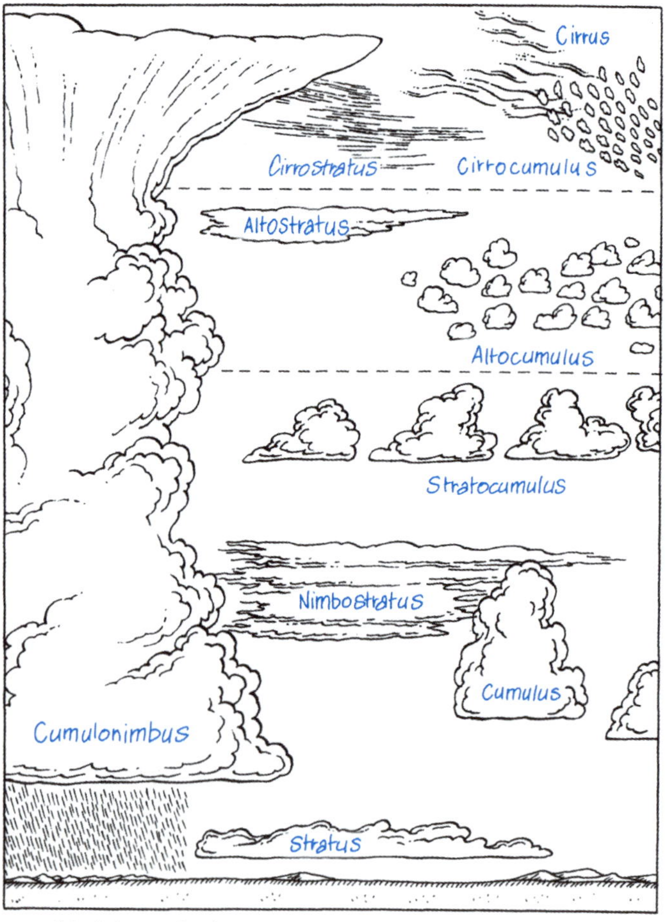

Figure 21 | Petit inventaire des nuages…

Ce dernier changement de numérotation eut lieu pour une raison étonnamment **romantique**. Le type de nuage numéro neuf, qui devint ensuite brièvement le numéro dix, était le cumulonimbus. Bien qu'il soit classé dans les nuages bas parce que sa base est à faible altitude, les sommets d'un cumulonimbus géant dépassent ceux de n'importe quel autre nuage. Si vous étiez perché sur un cumulonimbus, vous vous prendriez pour le roi du monde, et c'est de là que vient l'expression anglophone « *on cloud 9* » (NDT : littéralement « sur le nuage 9 », qui équivaut en français « **au septième ciel** »). L'Organisation météorologique mondiale s'est aperçue qu'elle jouait les trouble-fête en transformant le nuage neuf en nuage dix et elle est alors revenue sur sa décision.

L'ascension jusqu'au nuage 9

Intéressons-nous aux nuages que vous serez susceptible de voir et de reconnaître du hublot de votre avion. Le plus bas des nuages bas est le **stratus**. Ce sont les **pellicules de nuages** qui peuvent ressembler à une couche de brouillard et qui commencent subitement à partir d'une certaine altitude (le brouillard et la brume atteignent le sol, pas les nuages), ou à une couverture uniforme de nuages gris. Une variante appelée stratus fractus semble s'effilocher en des lambeaux qui descendent plus bas que le corps principal du nuage. Les stratus se trouvent à quelques centaines de mètres au-dessus du sol, quand vous atteignez les nuages immédiatement après le décollage.

Le second type de nuages bas, souvent l'un des favoris quand on les observe du sol, est le **cumulus**. C'est le nuage de base que les enfants représentent quand ils font un collage, simplement en mettant une boule de coton.

Avec une base d'environ 600 mètres ou plus, les cumulus se forment en raison de **l'ascendance thermique** due à des colonnes d'air chaud créées par le réchauffement du Soleil sur le sol. Ces colonnes d'air transportent à la fois la vapeur d'eau, le pollen et les bactéries, qui sont les « graines » permettant la formation d'un nuage.

Les **cumulonimbus** peuvent commencer à une altitude similaire, mais ils atteignent des sommets bien plus hauts (il le faut bien pour être le nuage 9). Ils peuvent aussi, dans une variante plus petite, être le nuage 3 ou s'élever jusqu'à 18 kilomètres, près de deux fois l'altitude à laquelle votre avion va voler. La partie supérieure d'un cumulonimbus est plus fine et clairsemée que le bas, et le nuage, dans son ensemble, aura souvent une forme rappelant celle d'une enclume avec le sommet typique du nuage d'orage.

Le dernier des nuages bas est le **stratocumulus**. L'une de ses variantes peut se former alors qu'un cumulus s'élève et devient plus fin donnant l'impression que l'on a étiré la boule de coton pour la fragmenter. La forme la plus courante, qui est en fait le type de nuage le plus commun dans son ensemble, forme une couche brisée ou zébrée. Sous sa forme la plus amicale, il ressemblera à une fine couche de coton étirée parsemée de trous, mais il peut être bien plus épais, plus uniforme et ressembler à un stratus plus élevé avec une texture plus dense.

Quand on atteint les nuages moyens, il n'est pas surprenant que les altostratus ressemblent à une version plus élevée des stratus, une fine couche de nuages avec peu de traits caractéristiques discernables. Ils peuvent être suffisamment fins pour laisser apparaître le Soleil comme une forme claire ou plus opaque. La variété la plus épaisse est une source sûre de pluie et semble apporter le malheur avec elle. Elle se trouve généralement entre 1 000 et 2 000 mètres d'altitude, encore

assez tôt dans l'ascension d'un avion à travers les couches de nuages. Elle est connue sous le nom de nimbostratus. Un nuage passe d'altostratus à **nimbostratus** quand il se met à pleuvoir. Un nimbus est un nuage de pluie.

Les **altocumulus** peuvent avoir une forme plus haute que le cumulus mais ils ressemblent davantage aux stratocumulus avec leur aspect effiloché et leur groupement en bandes linéaires.

Finalement, nous atteignons les nuages élevés, ceux parmi lesquels vous volerez probablement : les sommets des grands cumulonimbus. Quand vous atteignez cette altitude, au-dessus de la barre des 6 000 mètres, les nuages ne sont presque plus composés que de cristaux de glace et non de gouttelettes d'eau. Vous verrez souvent le cirrus qui forme de fins filaments de nuage et s'étale sur de grandes parties du ciel. Traditionnellement, on dit qu'un **cirrus**, en forme de virgule avec une tête protubérante, est un signe avant-coureur de grands vents quand il s'étire pour faire de longs filaments. Ces « cheveux d'ange » annoncent généralement que le temps va se gâter.

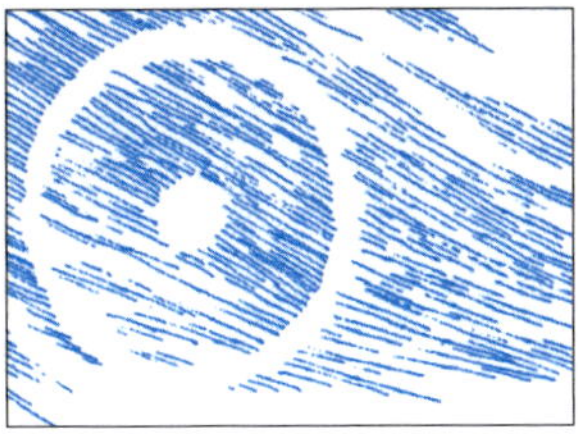

Comme autre nuage élevé qui se forme à six kilomètres d'altitude comme le cirrus, on trouve le **cirrostratus**. Il ressemble plus à une voile que le cirrus avec, souvent, des bords translucides. Le cirrostratus est fréquemment accompagné par des cirrus, mais il couvre une surface bien plus grande.

Enfin, il y a les **cirrocumulus**. Toujours hauts dans le ciel, on trouve ces nuages parfois à 14 kilomètres d'altitude qui sont fréquemment striés et en forme de chevron. Ils peuvent être plus découpés et ressembler à des stratocumulus très hauts.

ANECDOTES

Comme nous l'avons vu, il y a de nombreuses variantes de ces nuages ainsi qu'un éventail de curiosités comme le mamma, parfois décrit comme une protubérance en forme de pis, et qui se forme sous les stratocumulus et les cumulonimbus quand il y a un courant d'air descendant. Pour y voir une ressemblance avec des mamelles, il faut tout de même avoir beaucoup d'imagination, on pourrait tout autant dire qu'ils ressemblent à des écailles arrondies.

Il n'y a pas d'or au pied d'un arc-en-ciel

Les nuages sont des objets physiques, même s'ils sont très fins et sans substance, mais pendant votre vol vous pourrez peut-être aussi observer quelque chose qui n'existe pas du tout. Parfois, vous aurez la chance de voir un arc-en-ciel depuis votre avion. Je dis la chance car c'est un phénomène particulièrement **inhabituel** en l'air. Les arcs-en-ciel se forment quand la lumière venant du Soleil est assez puissante et rencontre une nuée de gouttes de pluie (d'où la nécessité qu'il fasse Soleil quand il pleut et que vous vous trouviez dos au Soleil).

L'arc-en-ciel est provoqué par la rencontre de la lumière qui passe au-dessus de vous et des gouttes de pluie qui sont devant vous.

Chaque goutte de pluie agit comme une lentille ou un prisme que vous vous souvenez peut-être avoir étudié en sciences au cours de votre scolarité. Comme une lentille, la surface arrondie de la goutte dévie la lumière quand elle la traverse mais chaque couleur est déviée différemment, et la lumière blanche ou presque du Soleil est séparée en un petit arc-en-ciel. Cette **lumière multicolore** atteint l'autre face de la goutte, où une partie traverse et une autre est réfléchie vers l'avant. Quand la lumière retraverse la face avant de la goutte et se dirige vers vous, elle est encore plus réfractée, suffisamment pour produire un arc-en-ciel visible.

Un arc-en-ciel puissant a besoin que la lumière arrive à un angle assez précis.

Si l'angle entre la lumière venant du Soleil et la lumière qui revient vers vous est autour de 42°, vous pourrez voir un **beau spectre** de couleurs. Les gouttes produisent un cercle complet d'arc-en-ciel mais il est généralement coupé quand il atteint le sol. En l'air, cependant, vous pourrez le voir **en entier**. L'angle est rarement de 42°, donc l'effet est souvent assez faible mais vous pouvez en voir un circulaire. S'il passe à travers des nuages (ce qui est souvent le cas), vous pourrez sans doute aussi voir l'ombre de l'avion sur les nuages, en son milieu, ce qui est assez magique.

L'arc-en-ciel n'existe pas, c'est une projection de lumière et non un objet tangible. Il fait partie d'une gamme de phénomènes que l'on peut, de temps en temps, observer en avion et que l'on prend parfois pour un objet volant non identifié. Il existe des variantes d'arc-en-ciel appelées « **gloires** » qui produisent un anneau multicolore avec toujours une zone d'ombre au centre, mais qui sont bien plus petites qu'un arc-en-ciel car elles sont le résultat de l'interaction de la lumière qui atteint les gouttelettes avec différents angles. Les différentes couches des hublots peuvent déformer les images où une lumière flottante n'est que la réflexion du Soleil sur une surface en mouvement. De l'autre côté de votre fenêtre, il y a beaucoup de phénomènes optiques qui peuvent produire des **objets non réels** et qui ont pourtant bien l'air d'exister.

Au-dessus des mers de glace

Nous avons vu que les nuages peuvent être composés de gouttelettes d'eau ou de cristaux de glace. Mais qu'en est-il de la mer en dessous ? Est-elle toujours liquide ? Tout le monde a déjà entendu parler des **icebergs**, ces énormes morceaux d'eau douce glacée dont accouchent les glaciers qui tombent dans la mer et y flottent, potentiel danger pour les navires. Mais l'eau de mer aussi peut geler. Il faut qu'elle atteigne environ -1,8 °C pour geler, même si en pratique, le mouvement de l'eau la conserve sous forme liquide jusqu'à ce qu'elle parvienne à des températures considérablement plus basses. Néanmoins, la glace que l'on trouve dans les régions polaires est principalement de l'eau de mer gelée.

ANECDOTES

L'auteur américain de science-fiction, Kurt Vonnegut, inventa une forme de glace très spéciale, appelée glace-neuf, qui apparaît dans son roman Le berceau du chat. *D'après Vonnegut, cette glace-neuf est une variante de cristaux de glace si stable qu'elle ne fond qu'à 45 °C. Si l'eau existait sous forme de glace-neuf, il est raisonnable de penser que dans des conditions climatiques normales, elle ne changerait jamais de forme. Si l'on jetait un germe cristallin de glace-neuf dans un lac ou un océan, la glace se répandrait de manière incontrôlable d'une rive à l'autre, empêchant l'accès aux sources d'approvisionnement en eau et dévasterait la Terre.*

Heureusement, la glace-neuf n'existe pas (bien que ce soit un concept merveilleux) mais il existe un type de glace qui se forme à très basse température et qui porte intentionnellement le nom similaire de glace IX. Celle-ci, en revanche, n'est pas stable à température ambiante et ne représente aucun danger pour nos sources d'approvisionnement.

Au-dessus des nuages, le Soleil

À présent, la mer ou la terre ont dû disparaître sous une couche de nuages. À moins que vous ne passiez par la tête d'enclume d'un cumulonimbus, s'il fait jour, vous devriez, en principe, voir un grand ciel bleu et le Soleil briller.

EXPÉRIENCE

À NE PAS ESSAYER – UNE EXPÉRIENCE FRACASSANTE

Il y a plusieurs expériences que vous ne devez absolument pas *faire pendant votre vol. L'une d'entre elles est de découvrir ce qui se passerait si vous brisiez un hublot. Si l'on en croit les films, tous ceux qui n'auront pas attaché leur ceinture se feront happer vers le hublot par une aspiration puissante et les malchanceux trop près seraient expulsés hors de l'avion pour y connaître une mort horrible.*

La réalité est assez différente mais il ne faut tout de même pas essayer. Tout d'abord, il est très difficile d'endommager un hublot. La vitre extérieure, protégée à l'intérieur par une fine pellicule de plastique, est très solide. Si vous parveniez à faire un petit trou, la pression dans la cabine pourrait probablement être stabilisée, et ne plongerait certainement pas brusquement. Si jamais vous réussissiez à enlever tout le hublot, alors oui, il y aurait une décompression rapide. Les masques à oxygène tomberaient devant vous et le pilote ferait descendre l'avion à une altitude vivable mais inconfortable, d'environ 4 500 kilomètres. Des petits objets seraient aspirés par la fenêtre, mais très probablement pas un humain.

Cependant, j'insiste sur ce point, n'essayez surtout pas de faire cette expérience. En plus de la gêne occasionnée dans le cas peu probable où vous réussiriez, et sans compter les frais de réparation d'un avion de ligne à plusieurs millions de dollars à votre charge, le simple fait d'essayer de briser une fenêtre peut vous valoir d'être arrêté, et accusé d'attaque terroriste.

On pourrait penser qu'il n'y a plus grand chose à voir au-dessus des nuages, mais il y a encore beaucoup de notions scientifiques à découvrir là-haut.

Voyage au centre du Soleil

D'abord et avant tout, nous sommes au royaume du Soleil. Les fenêtres troubles ne vous aideront pas à avoir une vue parfaite, mais comme il y a moins d'air entre le Soleil et vous, il sera plus clair que vous ne l'avez jamais vu. Ne regardez pas le Soleil directement ! On évite cela naturellement pour la bonne raison qu'il pourrait causer des **dégâts irréversibles** à vos yeux ; ce qui peut arriver très vite, même s'il est partiellement obscurci. À chaque éclipse solaire, les hôpitaux reçoivent une multitude de patients dont les yeux ne se remettront jamais totalement.

Les rayons du Soleil font bien plus que nous empêcher de sombrer dans les ténèbres éternelles, même si ce rôle a son importance. La lumière du Soleil met environ **huit minutes** à nous parvenir et nous procure la chaleur qui nous fait vivre. Elle alimente le climat. Elle nourrit aussi les plantes et les algues, en bas de notre chaîne alimentaire, qui produisent l'oxygène que nous respirons. Sans le Soleil, il n'y aurait probablement jamais eu **de vie** sur Terre.

C'est en partie, le Soleil ainsi que l'air, qui sont responsables de la couleur bleue du ciel. Si vous avez voyagé en avion au XXe siècle, vous avez peut-être eu la chance de faire l'expérience d'un vol où le ciel était presque noir en plein jour et qui montre qu'il faut bien une combinaison de l'air et de la lumière du Soleil pour atteindre ce **bleu**. Le Concorde volait à environ 18 000 kilomètres d'altitude, là où l'air est bien plus rare et le ciel bien plus sombre vu des fenêtres de cet avion que de celles d'un vol ordinaire. Si un jour, vous avez la chance de voler dans l'espace avec **Virgin Galactic**, vous pourrez voir un ciel complètement noir malgré le Soleil qui brille au loin.

HISTOIRE

Le Concorde est une bonne leçon pour tous ceux qui disent que la technologie avancera toujours de plus en plus vite. Si l'on regarde l'Histoire du transport, au départ, nous étions limités à quatre ou cinq kilomètres par heure à pied, puis nous avons acquis le potentiel d'un cheval ou d'une barque. Avec le XIXe siècle, des vitesses dépassant les 80 km/h devinrent banales grâce au train. Puis, pendant le XXe siècle, les vitesses augmentèrent encore avec le transport aérien qui nous fit atteindre les 800 km/h.

Pour tous ceux qui ne sont pas des astronautes (c'est-à-dire presque tout le monde), le moyen de transport le plus rapide au XXe siècle était le Concorde qui pouvait atteindre la vitesse remarquable de 2 170 km/h (deux fois la vitesse du son). Mais aujourd'hui, nous sommes revenus à la limite de 800 km/h. Parfois, les prouesses technologiques atteignent un seuil, du moins pour un moment. On construit encore beaucoup d'avions de ligne supersoniques (les fabricants aiment jouer avec de nouvelles idées) mais l'expérience du Concorde qui était commandé en plusieurs centaines d'exemplaires et dont le concept n'a pas été suivi, montre que la vraie limite de vitesse ne dépend pas de la technologie mais de la volonté politique.

Pourquoi le ciel est-il bleu ?

En journée, en partant du principe que vous n'êtes pas à bord du Virgin Galactic, vous devriez voir un ciel bleu à travers la fenêtre de votre avion. Ce n'est pas, comme certains l'ont suggéré, la **réflexion** de la mer bleue. À l'époque victorienne, on pensait que cette teinte bleue était due à des poussières et d'autres

« Pourquoi le ciel est bleu ? » est l'une des questions que les enfants ne manquent pas de poser, et ils obtiennent souvent des réponses qui ne sont que proches de la vérité.

particules dans le ciel, mais en réalité l'origine de cette couleur est plus subtile : c'est l'interaction directe entre les molécules d'air et la lumière du Soleil.

La lumière visible se décline en plusieurs couleurs que l'on peut voir dans le spectre de l'arc-en-ciel allant du rouge au violet. La distinction traditionnelle entre les **sept couleurs** (rouge, orange, jaune, vert, bleu, indigo, violet) d'un arc-en-ciel est arbitraire, c'est un arrangement conçu par Isaac Newton. Si vous regardez un spectre complet de lumière, vous pouvez voir soit des millions de couleurs légèrement différentes, soit cinq ou six larges bandes de couleur ; presque personne ne voit sept couleurs dans un arc-en-ciel.

On ne sait pas vraiment comment Newton a trouvé ce chiffre sept en incluant ces nuances obscures que sont le violet et l'indigo, mais l'idée plane qu'il aurait voulu établir un lien avec la musique. Dans le « spectre » musical, il y a **sept notes**, du do au si, avant de compléter l'octave et de retourner à un do plus aigu. On pense que Newton était persuadé qu'il devait également y avoir sept couleurs dans le spectre visible et qu'il nous a imposé ce découpage. Étonnamment, le spectre n'aurait pas pu s'appeler ainsi 100 ans plus tôt.

« Orange » n'est devenu le nom d'une couleur que quelques années avant la naissance de Newton. Jusque-là, ce n'était que le nom d'un fruit.

Newton montra, comme le fait un arc-en-ciel, que la lumière du Soleil contenait tout le spectre de couleurs ainsi que beaucoup d'autres que l'on ne voit pas. À l'époque de Newton, on pensait que les couleurs de l'arc-en-ciel étaient dues aux imperfections du verre d'un prisme qui teintaient la lumière blanche. Mais Newton sépara une couleur et lui fit traverser un autre prisme, ce qui ne fit pas changer la couleur. Le prisme ne colorait donc pas la lumière. Il montra aussi que l'on peut **recombiner les couleurs** pour faire de la lumière blanche. Les couleurs sont toutes présentes dans la lumière du Soleil.

Quand cette lumière composée d'un mélange de photons aux **énergies différentes** (que l'on voit comme des couleurs) traverse l'air, certains d'entre eux sont absorbés par les électrons dans les molécules des gaz de l'air. Peu après, ils sont renvoyés mais dans toutes les directions. Cette « diffusion » signifie que les photons sont lancés à travers le ciel et ne vont plus tous dans la même direction.

L'effet de diffusion varie en fonction de l'énergie des photons. Ceux avec le plus d'énergie (du côté bleu du spectre) auront plus de chance d'être diffusés. Cela signifie que loin du Soleil, la lumière diffusée par les molécules d'air aura une teinte bleue, ce qui rend le ciel bleu. Quand le Soleil est bas dans le ciel, la lumière traverse beaucoup d'air, et comme le côté **rouge** du spectre est moins diffusé, la lumière qui vient directement du Soleil prend une teinte rouge. C'est pourquoi le Soleil est si rouge quand il se lève ou se couche.

Pourquoi le Soleil brille tout le temps ?

Sur un dessin d'enfant, le Soleil est jaune, alors qu'en réalité, vu sans les interférences de l'atmosphère, la lumière du Soleil est blanche. Ce qui est perturbant, c'est qu'il est tout de même classé dans les **étoiles jaunes**. Cette classification est due au fait que la composante la plus forte de la lumière émise par le Soleil est le jaune. Pourtant, elle contient tout le spectre de lumière comme on peut le voir quand elle passe à travers un prisme, tout comme l'a fait Newton, et qu'elle se décompose en toutes ces couleurs.

La couleur naturelle du Soleil reflète la température à sa surface qui est aux alentours de 5 500 °C. Si cela ne vous suffit pas, la température au cœur du Soleil peut atteindre les **15 millions de degrés**. Nous avons ici à faire à une grosse étoile : le Soleil mesure environ 1,4 millions de kilomètres de diamètre, plus de 100 fois celui de la Terre, et pèse à peu près 2 000 000 000 000 000 000 000 000 000 de tonnes, soit plus de 300 000 fois le poids de notre planète.

On s'est demandé pendant longtemps, comment le Soleil faisait pour **brûler continument**. Les scientifiques victoriens calculèrent la durée pendant laquelle une boule de charbon de cette taille pourrait brûler, et ils estimèrent que le Soleil pourrait rester actif seulement quelques millions d'années, ce qui n'est largement pas assez par rapport à l'âge estimé de la Terre (compte tenu des découvertes géologiques qui ont été faites). Ce n'est qu'avec la description de la physique quantique, branche de la physique intervenant à l'échelle atomique, qu'a pu émerger le principe de combustion du Soleil capable de **maintenir son activité** depuis les 4,5 milliards dernières années, soit à peu près la moitié de la vie qu'on lui prédit.

Le Soleil brûle grâce à un processus appelé fusion nucléaire. Il combine les noyaux des atomes du plus petit élément, l'hydrogène, pour en faire un élément plus gros, l'hélium. Au cours de la fusion, une petite partie de la masse est transformée en énergie. Grâce à **Einstein**, on sait que la conversion de la masse en énergie est décrite par la formule $E = mc^2$. « c » représente la vitesse de la lumière qui est très grande. Élever « c » au carré implique que l'on obtient une quantité phénoménale d'énergie à partir d'une petite masse. La conversion d'un seul kilogramme de masse produit autant d'énergie qu'une grosse centrale électrique en six ans.

L'hélium porte ce nom car il a été d'abord découvert dans le Soleil, helios étant le mot grec pour Soleil, avant qu'on en découvre assez sur Terre pour en remplir des ballons de baudruche et le respirer pour avoir une voix aiguë.

La plupart de cette énergie émise constamment par le Soleil s'envole dans l'espace, mais une petite partie arrive sur Terre et nous maintient en vie. Seulement 89 milliards de mégawatts atteignent la Terre, moins d'un milliardième de la production du Soleil, mais toujours 5 000 fois plus que l'énergie consommée par notre planète actuellement. Quand les scientifiques ont étudié en détail ce processus, ils ont découvert

PHYSIQUE

Le Soleil ridiculise complètement tout ce que l'on ne pourra jamais imaginer de faire en matière de production d'énergie. Chaque seconde, environ quatre millions de tonnes de matière sont convertis en énergie, ce que produirait une centrale électrique en 24 milliards d'années. En d'autres termes, l'équivalent de 756 millions de milliards de centrales qui travaillent simultanément. Si l'on recouvrait toute la surface de la Terre, en comptant la mer, avec autant de centrales électriques, chaque centrale mesurerait moins d'un centimètre.

quelque chose de bizarre : même avec la **fusion nucléaire**, il semble que le Soleil ne devait pas être en activité.

La raison est que les noyaux d'hydrogène doivent être serrés les uns contre les autres pour fusionner. Ils doivent être très près mais ils ont une charge électrique positive et ils se repoussent les uns et les autres comme **deux aimants** quand on rapproche les pôles semblables. Cette force de répulsion devient de plus en plus grande quand les noyaux se rapprochent. Même la température et la pression démesurée du Soleil ne suffisent pas à faire fusionner les noyaux d'hydrogène. Le Soleil devrait se comporter comme un **pétard mouillé** !

À travers le tunnel quantique

L'activité du Soleil est due aux **bizarreries** de la physique quantique. Quand on observe de très petites choses comme les atomes, on peut voir qu'ils ne se comportent pas comme des objets d'une taille qui nous est plus courante. Par exemple, tant que vous n'avez pas pris de mesures pour le localiser, un atome n'existe pas à un seul endroit, contrairement à une balle ou une table. En fait, il a un éventail de d'emplacements possibles partout dans l'Univers. Plus on s'éloigne du centre de cet éventail de possibilités, moins on a de chances de le trouver mais il peut vraiment être n'importe où.

Cela veut dire que si vous mettez un atome dans une boîte, il y a une probabilité, faible mais réelle, que l'atome traverse la boîte et que vous le retrouviez **de l'autre côté** quand vous cherchez à le localiser. C'est comme si vous gariez votre voiture dans votre garage et que vous découvriez le lendemain matin qu'elle a traversé le mur pour se mettre dans l'allée, tout cela d'elle-même. Si votre voiture était faite de particules quantiques, elle pourrait, en théorie, le faire mais les chances que tous les atomes constituant la voiture fassent le même mouvement au même moment sont si faibles que la durée de vie de l'Univers n'est pas assez longue pour que cela se produise…

Ce phénomène où l'atome traverse une barrière comme un mur et apparaît de l'autre côté est appelé l'effet tunnel quantique. Généralement, les noyaux d'hydrogène dans le Soleil restent à peu près là où l'on s'attend à les trouver, mais parfois l'un d'eux va **traverser la barrière** créée par la répulsion qui éloigne les noyaux les uns des autres et apparaître si près d'un autre noyau qu'ils vont fusionner. Bien que cela soit extrêmement plus probable pour un noyau d'hydrogène donné, il y en a tellement dans le Soleil que statistiquement, plusieurs fusions auront lieu à la suite, ce qui produit une transformation régulière de l'hydrogène en hélium.

Le Soleil est bien plus visible quand on est au-dessus des nuages que lorsque l'on se trouve au sol, mais on a toujours tendance à sous-estimer à quel point il est **grandiose**. Comme nous l'avons vu, c'est grâce à cette grande fournaise nucléaire suspendue dans l'espace que la vie est possible. En fait, la Terre elle-même n'existerait pas sans le Soleil, puisque c'est la force gravitationnelle de l'étoile qui a donné **naissance** à la Terre.

Le Soleil se trouve à environ 150 millions de kilomètres de nous. Sa lumière met environ **huit minutes** à nous parvenir, tout comme sa gravité. On pense maintenant que la gravité est transmise par un courant de particules appelées gravitons, tout comme la lumière voyage sous forme de photons. Si, d'une manière ou d'une autre, le Soleil venait à disparaître, nous mettrions huit minutes à nous en apercevoir. Il semblerait être toujours là alors que ces derniers photons et **gravitons** traverseraient l'espace pour venir vers nous. Nous ne perdrions sa lumière et son attraction gravitationnelle que huit minutes après sa disparition.

Les croisements de voies aériennes

Vous pourrez peut-être voir un autre avion pendant votre vol. Il y a des règles strictes sur la distance de sécurité entre les avions mais ils empruntent souvent des **couloirs aériens** (également appelés voies aériennes) pour simplifier le contrôle du trafic. Bien que la règle sur la distance de sécurité varie selon les conditions et l'altitude du vol, on peut s'attendre à ce que les avions qui sont relativement proches l'un de l'autre soient séparés d'une hauteur d'au moins 300 mètres en ascension, et d'au moins 600 mètres en altitude de croisière.

Cette règle ne s'applique pas si les avions sont séparés d'au moins cinq à huit kilomètres. Avec cet écart, ils peuvent voler à la même altitude.

EXPÉRIENCE

À QUELLE DISTANCE SE TROUVE CET AVION ?

La prochaine fois que vous verrez un autre avion, essayez d'appliquer la technique d'estimation des distances. Un avion de ligne mesure généralement entre 30 et 70 mètres de long. Admettons qu'il en fasse 50. Disons qu'au bout de votre bras, il mesure quatre pointes de stylo bille, soit quatre millimètres environ. Il y a 250 fois cela dans un mètre, et 12 500 fois dans 50 mètres. Donc la distance sera d'environ 12 500 fois celle que vous avez mesurée entre votre œil et le bout de votre bras. Cela fait donc 12 500 multiplié par 0,75 mètre, soit 9 375 mètres, un peu plus de neuf kilomètres. Bien évidemment, cette distance n'est qu'une estimation. Avec les limites données de 30 et 70 mètres pour la taille de l'avion, il pourrait se trouver à une distance comprise entre 5,6 et 13 kilomètres.

Bien que les règles de séparation devraient réussir à maintenir les avions éloignés les uns des autres, les avions modernes disposent de **systèmes anticollisions** qui renforcent doublement les règles de circulation dans les couloirs aériens. Les avions de ligne sont généralement équipés d'un système d'alerte de trafic et d'évitement de collision, appelé TCAS (de l'anglais *Traffic Alert and Collision Avoidance System*). L'équipement TCAS envoie des demandes d'informations aux autres avions équipés du même système. Chaque avion a été construit avec un système intégré appelé transpondeur. C'est un **émetteur radio** automatique radio-activé. Quand il reçoit une demande d'un autre avion, le transpondeur réagit et transmet sa position. Ainsi, l'autre avion peut dresser une carte des positions de tous les avions autour de lui et prévenir le pilote d'une menace potentielle bien avant qu'elle ne soit réelle.

Laisser une traînée dans le ciel

Que vous aperceviez ou non un autre avion (il est tout à fait possible de ne pas en voir un seul pendant votre vol, en dehors de l'aéroport), vous pourrez peut-être tout de même voir les **traces de passage** d'un avion. Si vous regardez le ciel depuis le sol, vous verrez souvent ce qui semble être de fines lignes de nuage traversant le ciel comme une route aérienne.

Ce sont des traînées de condensation, des traînées de gouttelettes d'eau qu'un avion laisse derrière lui. Pendant votre vol, votre avion peut couper une **traînée de condensation** ou passer très près de l'une d'elles, ce qui vous permet de voir le chemin qu'a emprunté un avion, sans connaître sa direction, à moins qu'il ne soit encore en vue. La dispersion de la traînée est le meilleur moyen de déterminer la direction dans laquelle allait l'avion ; plus les lignes sont serrées, plus on est proche de l'avion. Il peut y avoir plusieurs traînées provenant des différents moteurs qui se mélangeront plus loin.

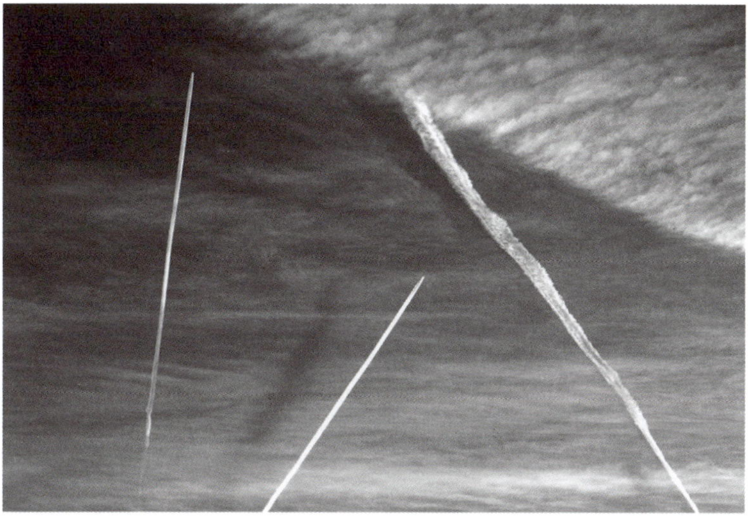

Figure 22 | Les traînées de condensation, nuages artificiels produits par la condensation émise par les moteurs d'avions.

On appelle aussi ces traînées par leur nom anglophone *contrails*, qui est la contraction de « *condensation trails* », équivalent américain de l'ancien terme britannique « *vapour trails* », qui signifie **traînées de vapeur**, que l'on utilise parfois en français. De ces deux termes, le plus précis reste « traînée de condensation ». On ne peut pas voir la vapeur, qui est la forme gazeuse de l'eau, puisqu'elle est totalement transparente. Ce n'est que lorsque des gouttelettes d'eau ou de petits cristaux de glace se forment que la traînée devient **visible**. Une traînée de condensation est, pour simplifier, un nuage artificiel avec une forme étrange.

Pour comprendre comment les traînées de condensation se forment, il nous faut revoir comment fonctionne un **moteur d'avion**. Le carburant est consommé à l'intérieur de la chambre de combustion. Si on laisse de côté les

Bien que les hydrocarbures puissent être de grosses molécules, ils ne sont constitués que de deux types d'éléments, l'hydrogène et le carbone, d'où leur nom.

impuretés, le carburant est un mélange **d'hydrocarbures**. Quand un hydrocarbure brûle, ses atomes sont combinés à des atomes d'oxygène présents dans l'air. Ce que l'on désigne par « brûler » n'est qu'une réaction chimique impliquant la combinaison d'une « matière » avec de l'oxygène, et qui produit de la chaleur. Les atomes de carbone s'associent à ceux de l'oxygène pour former un gaz à effet de serre, le **dioxyde de carbone**, et les atomes d'hydrogène se joignent à l'oxygène pour former de l'H_2O, c'est-à-dire de l'eau.

À cause de la haute température due à la combustion, cette eau est émise sous forme de gaz, mais quand elle est rejetée derrière l'avion et qu'elle rencontre l'air froid, la vapeur va se **condenser** et former de petites gouttelettes ou, s'il fait assez froid, de petits cristaux de glace. Les traînées de condensation ont certaines limites. Elles ne jaillissent pas directement des moteurs de l'avion. Le gaz met du temps à refroidir et à former des gouttelettes, elles se forment donc à une certaine distance derrière l'avion. De plus, elles apparaissent rarement en dessous de trois kilomètres car la **température** doit être assez basse (et donc l'avion en haute altitude) pour refroidir vite la vapeur avant qu'elle ne se disperse.

En principe, tout avion émet des traînées de condensation, et vous pouvez le voir si vous vous trouvez suffisamment près de l'avion qui en produit. Mais elles **fusionnent** vite, d'abord pour n'en former qu'une par aile si l'avion possède quatre moteurs, puis plus qu'une pour tout l'avion, qui est la forme sous laquelle vous avez le plus chance de la voir du sol. Quand l'avion est à basse altitude, bien plus bas que là où se forment les traînées de condensation, il vous sera possible de voir ce qui ressemble à une traînée de condensation venant du bout des ailes de votre avion. Cela a parfois semé la **panique à bord** quand des passagers ont cru que l'avion était en feu. Mais ce que vous voyez n'est ni de la fumée, ni une traînée de condensation classique.

Il s'agit en fait, d'un **effet visuel** des tourbillons marginaux, ces vortex au bout des ailes qui laissent une traînée de turbulences en spirale et qui sont la principale raison de l'écart entre les avions au décollage et à l'atterrissage. Bien qu'elles ne soient en aucun cas aussi communes que les traînées de condensation, ces **traînées de vortex** se forment quand la chute de pression et de température à l'intérieur du vortex fait se condenser la vapeur d'eau. Contrairement aux traînées de condensation, cette vapeur d'eau ne vient pas des moteurs de l'avion, mais de l'**humidité naturelle** dans l'air qui est généralement plus élevée à basse altitude.

Y a-t-il de la vie là-haut ?

Vous pourriez penser qu'apercevoir un autre avion serait votre seule chance de voir de la vie à travers votre hublot à cette altitude, mais il y a beaucoup d'autres possibilités de découvrir qu'une vie existe au-delà de votre carreau. Nous avons déjà rencontré la plus courante, il s'agit de la **bactérie**. En plus de permettre la formation de gouttelettes d'eau dans les nuages, les bactéries sont assez légères pour être transportées par les courants d'air sur plusieurs kilomètres. On a détecté 1 800 différents types de bactéries dans l'air au-dessus des villes, ainsi qu'à plus de 20 000 mètres d'altitude, deux fois plus haut qu'un avion.

Quelques **insectes** peuvent atteindre ces sommets. Il est généralement admis que le bourdon détient le record d'altitude parmi les insectes. Ces créatures vivent à plus de 5 000 mètres d'altitude sur l'Everest, et il a été prouvé qu'elles pouvaient encore voler à plus de 9 000 mètres dans des conditions de laboratoire. Elles ne s'éloignent pas trop des montagnes cela dit, donc vous aurez peu de chances d'en voir passer bourdonnant devant votre fenêtre, même si elles pourraient tout à fait gérer les turbulences causées par le passage de l'avion.

Vous aurez plus d'opportunités de croiser des **oiseaux**. La plupart des oiseaux chanteurs restent à moins de 600 mètres d'altitude, et ceux d'eau montent jusqu'à 1 200 mètres, mais certains peuvent aller bien plus haut. L'oie à tête barrée, que l'on considère généralement comme l'oiseau migrateur volant le plus haut, se sert du courant-jet et peut parfois parcourir plus de 1 500 kilomètres par jour. Pour cela, elle doit monter à plus de **9000 mètres** d'altitude. Afin de continuer l'ascension avec si peu de ressources d'air, les oies allient le système respiratoire standard des oiseaux, où l'air passe deux fois par les poumons pour récupérer plus d'oxygène, à une forme spéciale d'hémoglobine particulièrement efficace pour récupérer ce gaz.

Les oies ne sont pas les seules à voler haut. Des cygnes sauvages ont été vus par des avions à plus de 8 000 mètres, et des canards colvert à plus de 6 000 mètres. Il est à noter que le **record mondial** d'altitude de vol pour un oiseau est détenu par un vautour. Un vautour de Rüppell, à l'envergure imposante de trois mètres, a été repéré de façon brutale à près de 11 500 mètres au-dessus de la Côte d'Ivoire. Malheureusement, il est mort après avoir été aspiré par un moteur de l'avion.

L'heure de la promenade

Quand vous atteindrez votre altitude de croisière, votre capitaine aura probablement éteint les signaux lumineux « attachez votre ceinture » afin que vous puissiez **vous déplacer** dans la cabine. Sur les longs vols, c'est une bonne chose à faire régulièrement pour réduire les risques de thrombose veineuse profonde (voir plus loin). Vos chances de flâner seront peut-être limitées par les déplacements du personnel navigant muni de ses chariots de nourriture et de produits, mais saisissez cette opportunité à la fois pour votre santé et pour relever quelques détails sur l'avion.

EXPÉRIENCE

À NE PAS ESSAYER – ***LA PORTE OUVERTE AU DÉSASTRE***

Si vous vous promenez dans l'avion, vous vous trouverez peut-être à côté des portes. Une horrible fascination apparaît lorsque l'on se trouve face à la poignée qui ouvre la porte. Après tout, c'est la seule chose qui vous sépare de l'extérieur. Il est difficile de ne pas se demander : « que se passerait-il si j'ouvrais cette porte ? »

Certaines personnes pensent que comme dans les trains, les portes sont verrouillées lors du départ. Vous pourrez parfois entendre un ordre à l'équipage qui ressemble à « portes sur automatique. Cross check », suivi d'un bruit ressemblant au verrouillage des portes. En fait, cet ordre demande de mettre les toboggans d'évacuation gonflables sur automatique pour qu'ils se déclenchent si la porte est ouverte. Le « cross check » demande juste de vérifier que la porte opposée soit également bien prête. Personne ne sait vraiment pourquoi il ne peut y avoir de contrôle central là-dessus.

En pratique, les portes d'un avion n'ont pas besoin d'être verrouillées. Si vous voyez quelqu'un ouvrir une porte d'avion, vous verrez qu'elle s'ouvre d'une manière inhabituelle. C'est parce qu'il faut d'abord l'ouvrir vers l'intérieur avant de la manœuvrer dans l'autre sens vers l'extérieur. Une fois que l'avion a décollé, une différence de pression significative se crée entre l'intérieur et l'extérieur de l'appareil ; la pression de la cabine augmente en raison de la diminution rapide de la pression extérieure. Cette différence maintient la porte en place. Pour l'ouvrir, il vous faudra affronter la pression de l'air qui dépasse largement les capacités des muscles humains.

Cependant, il est très important de ne pas essayer de l'ouvrir. Sans compter l'embarras que vous me causeriez si j'avais tort et que vous parveniez à ouvrir la porte, toute tentative de toucher à la poignée de la porte en vol, tout comme essayer de briser une vitre, sera perçu comme un acte dangereux. L'équipage vous maîtrisera en utilisant probablement des menottes en plastique et passera un appel radio pour que la police vienne vous chercher à l'arrivée. N'essayez pas d'ouvrir la porte.

Même si les chariots ne vous bloquent pas l'accès aux allées, les signaux « attachez votre ceinture » se rallument bien trop souvent et avant même que vous n'ayez le temps de bouger, on vous demande de regagner votre siège. Vous allez rencontrer les **turbulences**, la solution de l'industrie aérienne pour un parc d'attraction qui aurait pour thème « les montagnes russes » !

Voler dans l'air cahoteux

Les turbulences ont l'air bien plus compliquées qu'elles ne le sont réellement. Ce n'est en fait qu'un changement de mouvement soudain de l'air autour de l'avion, et qui cause des saccades allant de l'impression d'être sur une route cahoteuse à un **plongeon soudain** qui laisse votre estomac en suspension. Il existe plusieurs origines possibles à ces interférences nuisibles à la sérénité du vol. Elles peuvent arriver en raison d'un changement de température de l'air ou du cisaillement du vent quand deux mouvements d'air ne vont pas dans la même la direction. Ce qui peut être invisible par temps clair, ou évident en cas d'orage. Le résultat principal est que l'avion, tout en avançant, rencontre un changement important du mouvement de l'air autour de lui, qui donne lieu à ces **secousses** et ces chutes inquiétantes.

Les turbulences pouvant être une expérience troublante, il est important de rappeler qu'elles n'ont jamais fait tomber un avion de ligne moderne.

Votre avion ne va pas s'écraser à cause des turbulences ! Des passagers ont été blessés ou même tués mais uniquement parce qu'ils n'avaient pas attaché leur **ceinture** et qu'ils ont heurté leur tête contre le plafond, ou parce que des **bagages**, mal rangés dans les compartiments au-dessus d'eux, sont tombés. Prenez les turbulences au sérieux et elles ne vous causeront aucun problème. Vous pouvez donc vous installer confortablement dans votre siège et profiter du voyage.

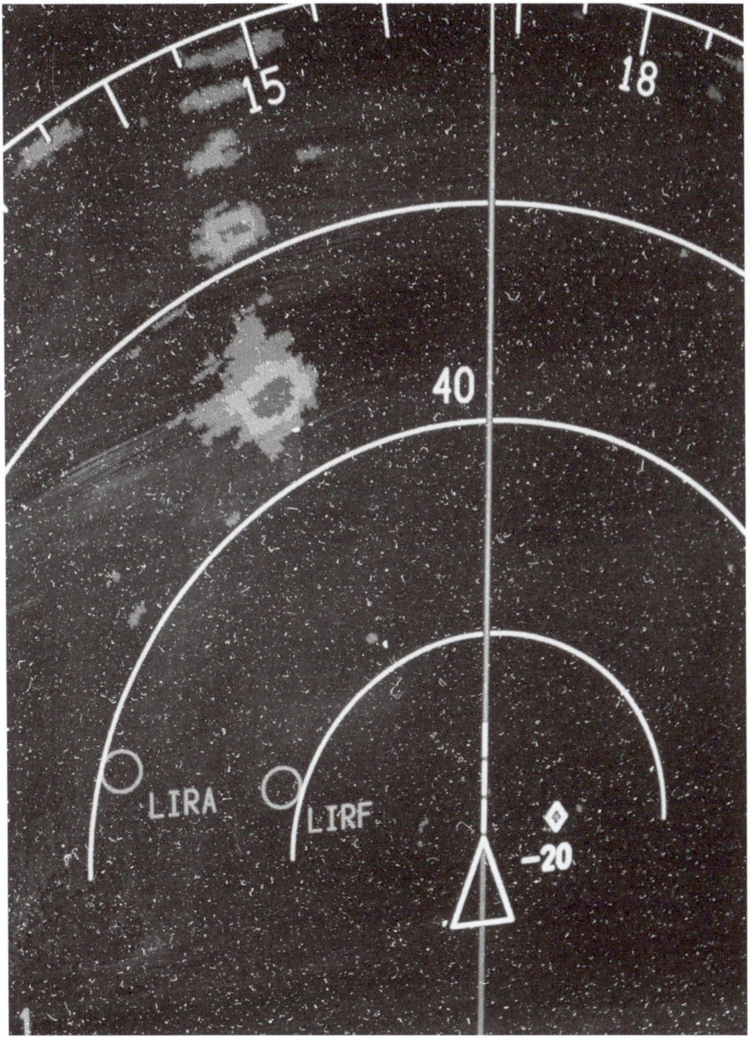

Figure 23 | Un orage vu sur un radar d'avion (il s'agit du cumulonimbus vu précédemment).

Si la turbulence fait suite à un orage, ce sera certainement au moment où l'avion monte ou quand il descend pour atterrir. L'altitude de croisière d'un avion de ligne se situe au-dessus de la plupart des nuages orageux. C'est d'ailleurs pourquoi le **mal de l'air** était bien plus commun dans les premiers avions non pressurisés, parce qu'ils ne pouvaient pas voler aussi haut. Comme nous l'avons vu, les têtes d'enclume de certains cumulonimbus peuvent se trouver à plus de 12 000 mètres d'altitude et donc surpasser les avions. Contrairement aux turbulences, par temps clair, ces **orages** sont visibles et apparaissent sur le radar de l'avion, ce qui donne facilement la possibilité au pilote de les contourner pour en éviter les effets les plus désagréables.
Toutefois, s'il est impossible de les éviter, vous devrez peut-être traverser des nuages orageux, particulièrement en ascension ou en descente, ce qui peut être inquiétant s'il y a des éclairs et du tonnerre. Les **éclairs** sont un phénomène naturel incroyablement puissant, et il est raisonnable de s'inquiéter de les voir grésiller l'air à seulement quelques mètres de vous, ou même s'ils s'abattent sur l'avion. La bonne nouvelle : le problème est rare. Il nous faut tout d'abord voir, en détails, l'éclair et le tonnerre.

L'éclair

Le tonnerre et l'éclair ne sont pas deux phénomènes distincts, le tonnerre étant le bruit émis par l'éclair. On a tendance à penser qu'ils sont différents parce que le **tonnerre** arrive généralement quelques secondes après l'éclair. Ce qui montre juste à quel point la lumière est plus rapide que le son. Admettons qu'un orage se trouve à dix kilomètres de vous. L'éclair, qui voyage à 300 000 km/s, ne mettra que 1/30 000 de seconde à vous parvenir, vous le verrez donc au moment où il se produit. Le **son**, qui se traîne à la vitesse relativement faible de 340 m/s mettra un peu plus de 29 secondes à arriver.

PHYSIQUE

Beaucoup d'entre nous ont appris à estimer la distance d'un orage en comptant les secondes qui s'écoulent entre l'éclair et le grondement du tonnerre. On m'a dit que deux secondes correspondent à un kilomètre, mais en réalité le son ne parcourt que 0,34 km/s, il lui faut donc trois secondes pour faire un kilomètre.

L'éclair n'est ni plus ni moins qu'une décharge électrique. L'air est un assez bon isolant, c'est-à-dire qu'il résiste bien au courant d'une charge électrique, mais si on augmente le voltage de l'électricité (voir ci-après), on parviendra à obtenir une **étincelle** qui brisera la résistance et s'envolera dans l'air. Pour vous faire une idée, à un taux d'humidité normal, l'air est un meilleur conducteur humide que sec, il faut environ 30 000 volts pour qu'une étincelle parcourt un centimètre. Pour obtenir une décharge électrique longue d'un mètre dans des conditions normales, il faudrait environ trois millions de volts.

Une charge d'électricité statique

On ne sait toujours pas avec certitude comment les éclairs se forment, mais ce qui est sûr, c'est que tout commence avec de l'électricité statique.

EXPÉRIENCE

SOULEVER GRÂCE À L'ÉLECTRICITÉ STATIQUE

L'électricité statique est l'accumulation d'une charge électrique sur un objet. Cela se traduit généralement par l'accumulation d'électrons chargés négativement, ou par leur perte entraînant une charge positive.

Si vous avez un objet en plastique comme un peigne ou un stylo, vous pouvez lui donner une charge statique en le frottant sur vos cheveux. Déchirez un petit bout de papier (environ la moitié de la taille de l'ongle de votre petit doigt) et placez-le sur votre table ou sur vos genoux. Frottez énergiquement l'objet en plastique sur vos cheveux, puis tenez-le au-dessus du bout de papier et rapprochez-le doucement. Le papier devrait bondir et se coller à l'objet en plastique bien avant qu'il n'y ait eu de contact entre eux. C'est l'électricité statique qui vous montre sa puissance cachée.

Quand vous **frottez** un objet en plastique sur vos cheveux, il gagne des électrons, ces particules chargées négativement qui gravitent dans l'atome. Le plastique devient alors chargé négativement et vos cheveux prennent une charge positive. Ceci est un **effet direct** de la physique. En effet, en frottant l'objet en plastique sur vos cheveux, les électrons les quittent et sont attirés par la surface du plastique. Quand vous approchez l'objet en plastique du bout de papier, la charge négative de l'objet repousse les électrons de la surface du papier, et en conséquence, la surface du papier devient chargée positivement. Vous avez donc un morceau de plastique chargé négativement et un papier chargé positivement. Le positif et le négatif s'attirent et le papier bondit. Cela fonctionne peu importe la taille du papier, mais la force n'étant pas particulièrement puissante, il vous faudra un petit bout de papier pour que cela fonctionne bien.

L'électricité statique est souvent générée en frottant deux choses l'une contre l'autre. Cette manière de produire de l'électricité est appelée triboélectricité, du grec tribos *qui veut dire frotter.*

Les générateurs Van der Graaf, qui sont les **générateurs d'électricité statique** les plus connus, fonctionnent ainsi. Une courroie est frottée contre des rouleaux, ce qui produit une charge statique qui s'accumule dans une sphère métallique. Ces appareils peuvent produire des millions de volts, mais les « éclairs artificiels » à haut voltage sont généralement créés en utilisant une bobine Tesla, qui est une sorte de transformateur capable d'atteindre des voltages très élevés.

Figure 24 | Un éclair nuage-sol ramifié de nuit, aux États-Unis.

Créer un éclair

Pourquoi y a-t-il des éclairs ? Bien que l'on ne soit pas sûr à cent pour cent, ils semblent être causés par les mouvements des gouttes d'eau et des cristaux de glace dans l'air qui créent une charge électrique, probablement due à la **friction**. Ce ne sont que des charges triboélectriques mais avec toutes les gouttes, elles s'accumulent et forment une charge importante. Les éclairs pourraient également être dus à l'interaction entre le champ électrique naturel de la Terre et les gouttelettes en mouvement. La simple taille d'un nuage orageux montre que l'accumulation des charges sur toutes les gouttes peut atteindre des niveaux extraordinaires.

Cette charge négative très puissante du nuage a le même effet que le plastique sur le papier quand vous l'attrapez à l'aide de l'électricité statique. Le nuage, avec son énorme charge négative, induit une charge positive soit dans un nuage voisin, soit sur Terre. Les éclairs peuvent alors **se former** entre deux nuages ou entre un nuage et la Terre. La charge négative du nuage repousse les électrons de l'autre nuage ou du sol, et laisse la surface la plus proche chargée positivement. C'est là que se produit la **manifestation** la plus étrange au sujet des éclairs.

Une décharge électrique relativement faible se déplace entre le nuage orageux chargé négativement et la charge positive qu'il a induit, disons du nuage au sol. Cette **décharge** ionise l'air. L'ionisation consiste à ôter des électrons des atomes, ce qui laisse les atomes de l'air chargés et les rend plus conducteurs. Cette première étape a créé un canal appelé **précurseur** ou traceur. Ensuite, la décharge principale, celle que l'on voit, appelée course de retour, se produit. Elle se déplace dans la direction opposée : si l'éclair frappe la Terre, la course de retour ira du sol au nuage, l'inverse de ce à quoi l'on pourrait s'attendre.

L'électricité en mouvement

Une fois que l'électricité se déplace, on passe de l'électricité statique à l'électricité dynamique. Ce n'est que de l'électricité en mouvement. C'est là que les termes basiques d'électricité que vous avez appris à l'école, et sûrement oubliés, s'emploient. Le voltage, ou **tension**, est l'équivalent électrique de la force. C'est la quantité de « poussée » sur les électrons, ces particules qui transportent l'électricité. Une fois que ces électrons commencent à se déplacer, la quantité de courant déplacée, ou intensité, est mesurée en ampères. Les termes utilisés en électricité sont si habituels que l'on ne remarque pas toujours que des mots comme « courant » ou « flux » viennent directement du **vocabulaire aquatique**. Mais l'électricité est légèrement différente de l'eau, et heureusement car sinon on devrait boucher les prises électriques pour l'empêcher de couler !

HISTOIRE

Quand la terminologie de l'électricité a été déterminée, Michael Faraday et les autres scientifiques de l'époque ne connaissaient pas l'existence des atomes, encore moins celles des électrons. Ils savaient qu'un « fluide », le « courant électrique », s'écoulait, et ils décidèrent arbitrairement du sens dans lequel il se déplaçait, le faisant aller de ce qu'ils ont appelé la borne positive à la borne négative. En réalité, quand les électrons furent découverts, on s'aperçut que ce qui se déplaçait allait en fait dans la direction opposée de celle déterminée, mais il était trop tard pour y faire quoi que ce soit.

Une fois que vous avez un flux d'électricité, vous pouvez produire de la puissance. La puissance est la vitesse à laquelle le travail peut être fait. C'est le taux auquel l'énergie est transférée d'un endroit à un autre. Comme pour les moteurs, on mesure la puissance en watts, et pour l'électricité, il s'agit de la tension multipliée par l'intensité, c'est-à-dire la quantité de poussée multipliée par la quantité d'électricité en mouvement.

La dernière étape de notre voyage au pays des termes électriques est le joule. Comme nous l'avons déjà vu, il s'agit de l'unité de l'énergie, qu'elle soit électrique pour faire avancer une voiture, ou contenue dans des aliments. On mesure encore l'énergie apportée par la nourriture

Un joule correspond à un watt par seconde. Chaque seconde, une ampoule de 100 watts consomme 100 joules d'énergie.

en calories, qui est une unité de mesure de l'énergie plus ancienne, et étrangement, une Calorie de nourriture correspond en réalité à 1 000 calories soit un kilocalorie mais le joule est l'unité standard.

La puissance générée par un éclair peut être immense. Là où un générateur de Van de Graff produit des millions de volts, il n'opère qu'à une petite fraction d'ampère, donc la puissance, les volts multipliés par les ampères, sera très faible. Dans un éclair, il y a un voltage élevé et l'intensité sera plutôt aux alentours de 30 000 ampères, ce qui donne environ un demi-milliard de joules d'énergie, la production totale d'une centrale de taille moyenne en une seconde.

Quand cette puissance déchire l'air, les molécules d'air se déplacent très vite, la température peut grimper jusqu'à 20 000 °C, bien plus chaud qu'à la surface du Soleil. Ce changement soudain de température produit une vague de pression, une onde de choc qui est en fait une explosion que l'on entend et appelle le tonnerre.

La sécurité se trouve dans les boîtes en métal

Il n'est pas inhabituel qu'un éclair s'abatte sur un avion, même si les pilotes évitent les orages autant que possible. Ce qui ne signifie pas que les passagers seront « **grillés** ». Si on enlève toutes les parties fantaisistes, un avion n'est qu'une boîte en métal. Elle peut être trouée, les hublots ne posent donc pas de problème. Quand la charge électrique s'accumule à l'extérieur d'une telle boîte les électrons dans le métal, qui constituent celle-ci, se déplacent pour annuler toute charge se trouvant à l'intérieur. Il n'y a donc rien qui passe à **l'intérieur** de la cage. C'est pourquoi on dit

Très tôt dans l'histoire de l'exploration de l'électricité, Michael Faraday a découvert que l'on ne peut pas faire passer une charge électrique à l'intérieur d'une boîte en métal ou d'un maillage métallique, appelé aussi cage de Faraday.

souvent, et c'est vrai, que l'un des endroits les plus sûrs au sol pendant un orage, est l'intérieur d'une voiture. Et il en est de même dans un avion.

En revanche, l'avion, lui, a besoin de protection. La plus grande crainte est que la surtension à la surface de l'avion ne **perturbe** les systèmes électriques essentiels au contrôle de l'avion. Bien que la décharge électrique ne puisse pénétrer la coque de l'avion, elle peut produire des effets électromagnétiques qui vont induire un courant, comme un transformateur. C'est pour cela que tous les avions sont équipés de **dispositifs de protection** contre la foudre qui déchargent toute accumulation électrique (version moderne du paratonnerre que l'on trouve sur les clochers).

Bloqué au sol par les cendres

Puisque nous envisageons les dangers du vol, et même si vous avez peu de chances de les rencontrer directement, il est intéressant de se pencher sur ce qui a empêché les avions de survoler la majorité de l'Europe en 2010. Tout était la faute d'un **volcan** dont peu de gens ont entendu parler avant. En fait, presque personne ne peut prononcer son nom, il s'agit du volcan islandais Eyjafjallajökull, qui se prononce très grossièrement eya-fya-tla-yeu-koutl.

La quasi-totalité du trafic aérien a été interrompue dans tout le nord de l'Europe entre le 15 et le 23 avril 2010, et plusieurs interruptions ponctuelles ont eu lieu jusqu'à la moitié du mois de mai. Sur le moment, il y eut des prévisions alarmistes qui voyaient cette interruption se prolonger plusieurs mois. De nombreuses perturbations du trafic aérien ont eu lieu. Jusque-là, on pensait qu'il était toujours possible de sauter dans un avion et de s'envoler pour n'importe quelle destination, mais des millions de personnes ont vu leur **espace aérien fermé** et ont dû avoir recours à la voiture, au train ou au bateau, ou même n'ont pas voyagé. Mais tout le monde ne s'en est pas plaint cependant. Les endroits où le ciel était habituellement rempli de traînées de condensation étaient soudainement immaculés. Les gens qui habitent près des aéroports ont pu s'asseoir dans leur jardin et profiter du climat printanier.

L'éruption volcanique

Vous ne volerez probablement pas à proximité d'un volcan actif, donc vous n'en verrez sûrement pas de votre hublot, mais il se pourrait qu'un volcan soit responsable de l'annulation ou de la déviation de l'un de vos vols futurs, et les volcans sont sans aucun doute une force de la nature dont il faut tenir compte. Ils sont toujours parmi nous et à tout moment, on compte **1 500 volcans** qui représentent une forme de menace. Cependant, l'impact de beaucoup d'entre eux se limite aux habituelles coulées de lave et au recouvrement de cendres, comme à Pompéi ou Herculanum en Italie quand le Vésuve est entré en éruption en 79 avant Jésus-Christ.

Pourtant, certains volcans déversent des nuages de cendres très fines dans le ciel. En plus de laisser une couche de poussière énervante sur votre voiture (s'il y a assez de **cendres** et qu'elles sont crachées avec assez de force), elles peuvent se répandre tout autour du monde. Quand le Krakatoa est entré en éruption en 1883, près de 20 km^3 de cendres et de roches ont été rejetés par le volcan, l'équivalent d'un cube de matière de 2,7 kilomètres de côté.

Ses cendres sont montées à 80 kilomètres dans l'atmosphère et ont voyagé autour de la Terre en suivant **l'onde de choc** de l'éruption qui d'après les mesures, a fait sept fois le tour du globe. Quand la cendre noire en suspension dans l'atmosphère a caché le Soleil, elle a fait baisser les **températures** d'environ un degré Celsius et a perturbé le climat pour plusieurs années. On a retrouvé des cendres dans le monde entier.

Figure 25 | Le volcan actif Pico do Fogo, sur l'île de Fogo au Cap-Vert.

En 1883, il n'y avait pas de transport aérien, mais aujourd'hui, une éruption similaire bloquerait l'aviation dans le monde entier, potentiellement pendant plus d'un an. Ce sont les **cendres très fines** qui posent problème. Dans le cas de l'Eyjafjallajökull, ce fut particulièrement grave à cause du contraste important entre les températures islandaises froides et le volcan très chaud. L'eau froide, provenant des glaciers au-dessus du volcan, a vite refroidi la lave brûlante, provoquant de nombreux **petits débris** semblables à du verre et qui ont jailli dans le ciel sous la force explosive de l'éruption.

De telles particules de cendre sont trop petites pour causer des dégâts directs, mais si beaucoup de ces cendres entrent dans un moteur d'avion, elles peuvent **fondre**, coller à des parties du moteur et se solidifier, ce qui peut causer des problèmes voire, à l'extrême, un arrêt du moteur.

ANECDOTES

Dans le cas le plus connu, le vol numéro 9 de British Airways en 1982, les quatre moteurs d'un Boeing 747 se sont arrêtés après que l'avion ait traversé un nuage de cendres volcaniques. Heureusement, une fois que les moteurs refroidissent un peu, la cendre se casse facilement et ils peuvent se remettre en marche. Cependant, dans le cas du vol numéro 9, ils ne remarchèrent qu'après douze minutes (ce qui fut pour le moins désagréable pour tout le monde à bord) et le pilote n'a pu reprendre le contrôle de l'avion qu'après avoir perdu plus de 7 000 mètres d'altitude.

Les compagnies aériennes et les régulateurs ont tirés les leçons de l'incident du Boeing 747. À présent, non seulement toutes les précautions sont prises pour que les avions ne volent pas à travers les nuages de cendres volcaniques (comme nous avons pu le voir en 2010) mais en plus, tous les volcans sont **surveillés** afin de renforcer la prévention. Il n'y a plus de danger pour qu'un avion soit pris par surprise dans un nuage de cendres. Ne pas pouvoir voler dans de telles circonstances peut être énervant, et il est certainement vrai que les autorités ont fait preuve d'une prudence excessive en 2010, mais nous ne devons pas négliger la nature, les volcans restant hors de notre contrôle.

Dans la zone de radiation

Sans volcan visible de votre hublot et tous les orages contournés sur votre route, la seule chose qui peut vous préoccuper à l'extérieur de l'avion sera la radiation. Elle ne met pas l'avion en danger mais il faut en tenir compte, ne serait-ce que pour mettre en perspective le

Prendre l'avion une fois n'a que très peu d'effet. Cela devient problématique avec l'accumulation des heures de vol.

risque encouru par l'**exposition** au scanner corporel. C'est un danger du vol dont on ne parle pas souvent, mais il est bien réel. Il est cependant important de savoir tout d'abord, que vous n'êtes pas sous la menace d'un danger imminent.

On utilise souvent le mot radiation à tort. Vous avez peut-être lu des histoires effrayantes sur les antennes relais de téléphone ou sur les réseaux sans fils. Ce mot est, ici, utilisé à des fins de propagande. Techniquement, les **antennes relais** et les réseaux sans fils produisent bel et bien des radiations, mais elles n'ont rien à voir avec l'énergie nucléaire ou les bombes atomiques. En réalité, ils émettent tous les deux des **radiations électromagnétiques**. Ce n'est qu'un autre mot désignant la lumière. Comme nous l'avons déjà vu quand nous nous sommes intéressés aux radars et aux rayons X, la lumière a un large spectre où les couleurs visibles sont à peu près au milieu et les autres formes invisibles s'étendent des deux côtés.

Toutes les autres couleurs, une couleur n'étant qu'un photon avec une énergie différente, ne sont certes pas visibles mais elles font tout de même partie du spectre électromagnétique. Les radiations électromagnétiques deviennent **dangereuses** quand elles sont élevées mais à faible dose, elles ne représentent aucun risque. Les radiations électromagnétiques sous forme d'ondes radio sont assez différentes des **rayonnements ionisants** qui proviennent des matériaux radioactifs. Cela inclut les rayons X et les rayons gamma encore plus puissants, mais aussi des particules comme les électrons et les noyaux des « petits » atomes.

> *Les téléphones et le Wi-Fi se servent du spectre de fréquences radio.*

Les rayonnements ionisants sont dangereux pour l'Homme car ils peuvent pénétrer la peau et **endommager** les mécanismes des cellules du corps. Des doses moyennes peuvent augmenter les risques de cancer ; à fortes doses, elles peuvent causer la fièvre des radiations, et à des doses extrêmes, la mort. Il faut donc les prendre au sérieux mais il faut aussi **relativiser**. Nous sommes exposés en permanence à des radiations, c'est inévitable.

De la même manière, on peut trouver des quantités importantes de radiations naturelles autour de nous. Certains endroits sont significativement plus radioactifs que d'autres. Par exemple, là où il y a beaucoup de **granit** (en Bretagne ou dans le Limousin par exemple), la radioactivité est généralement plus forte et le risque plus grand. Il est supérieur si le **radon**, un gaz radioactif provenant des roches, s'accumule à l'intérieur d'une maison. Dans des endroits comme les Cornouailles en Angleterre ou Denver aux États-Unis, où le risque est plus grand que la normale, des précautions supplémentaires sont prises pour s'assurer que les maisons soient bien ventilées afin que le radon ne puisse pas s'accumuler.

Même si vous restiez assis dans une boîte en plomb à respirer de l'air filtré, vous y seriez toujours exposé. Votre corps, naturellement radioactif, peut parfois endommager les cellules, mais le risque est infime.

EXPÉRIENCE

À NE PAS ESSAYER – *IL VOUS FAUDRA PEUT-ÊTRE ATTENDRE UN MOMENT POUR RÉALISER CELLE-CI*

Il nous est tous arrivé de nous faire surprendre par un ordinateur. Je ne parle pas des erreurs d'utilisation, ou le bug d'un logiciel, mais du moment où vous faites quelque chose de tout à fait normal, que vous avez déjà fait des milliers de fois, et où l'ordinateur plante sans raison apparente. Bien qu'il y ait plus de chances qu'il s'agisse d'un bug, il se peut que cela soit dû à la radiation naturelle. Que s'est-il passé ? une particule radioactive ou un rayon gamma a enlevé quelques électrons de l'une des puces de l'ordinateur. La mémoire ou le processeur est perturbé et l'ordinateur finit généralement par planter. Malheureusement, il est impossible de le prévoir. Il est probablement plus sage de ne pas tenter cette expérience, car vous pourriez avoir à attendre plusieurs années pour que cela se produise.

Piégés par la radiation naturelle forte

Depuis le ciel, on ne peut pas différencier les sites où la radiation naturelle est plus élevée que les autres, alors quel est le rapport avec votre vol ? Un autre endroit où le niveau de radiation est plus élevé que la normale est à bord d'un avion. Ce qui n'a rien à voir avec l'avion lui-même, une fois de plus il ne s'agit que de la **radiation naturelle**. Si au sol, les niveaux élevés de radiation sont dus aux roches radioactives, en l'air, ils seront dus aux rayons cosmiques.

ANECDOTES

Le manque d'information sur les niveaux de radiation naturelle peut donner lieu à des histoires effrayantes. Après l'accident de la centrale nucléaire de Three Mile Island aux États-Unis en 1979, des amateurs armés de compteurs Geiger (qui permettent de mesurer le niveau de radiations ionisantes) ont paniqué quand ils ont découvert que le niveau de radiations autour de la centrale était 30 % plus élevé que la moyenne nationale. Ce qui semble terrifiant. Les journaux américains annonçaient de terribles conséquences. Toutefois, ceux qui avaient pris les mesures avaient tout faux. Elles auraient été les mêmes si la centrale n'avait pas été là, il se trouve juste que cet endroit de la Pennsylvanie a un niveau de radiation relativement élevé.

Une collision cosmique

Les rayons cosmiques sont des flux de particules à haute énergie qui viennent des fins fonds de l'Univers pour s'écraser sur la haute atmosphère terrestre. Certains viennent du Soleil, mais beaucoup d'autres viennent **des profondeurs de l'espace** et peuvent avoir voyagé pendant des millions d'années, parcouru des milliards et des milliards de kilomètres depuis de lointaines étoiles ou des explosions stellaires. Quand ces particules s'écrasent dans la haute atmosphère, l'énergie provenant des **collisions** avec les molécules d'air produit d'autres particules et de la lumière à haute énergie, qui se dirigent vers la Terre.

Certaines de ces particules disparaissent très vite. Par exemple, des particules appelées **muons** apparaissent pour ne disparaître qu'une fraction de seconde plus tard. Cependant, ils vont si vite que la relativité restreinte d'Einstein entre en jeu. Comme nous l'avons vu avec le GPS, elle prédit que pour les corps qui se déplacent très vite, le temps ralentit. Très peu de muons devraient arriver au sol, mais à la vitesse à laquelle ils se déplacent, le temps va cinq fois moins vite pour eux, ce qui leur donne plus de chances de nous atteindre. C'est une vraie démonstration de la **relativité** en action. Mais ce qui cause plus d'inquiétude aux voyageurs aériens, c'est la lumière à haute énergie qui est produite : les rayons X et les rayons gamma encore plus puissants.

Lors d'un voyage traversant l'Atlantique, vous serez exposé à autant de radiations que si vous passiez une radio des poumons, ce qui correspond environ à 100 fois la dose moyenne à laquelle vous êtes exposé au sol. Vous pouvez aller sur le site Internet www.sievert-system.org créé par la Dgac (Direction générale de l'aviation civile) et l'Irsn (Institut de radioprotection et sûreté nucléaire) qui permet de calculer la quantité de rayonnements reçue lors d'un vol aérien. La **radiation moyenne** à laquelle on est exposé en France est d'environ 2,5 mSv par an, et peut aller jusqu'à 7 ou 8 mSv dans des zones comme les Cornouailles ou Denver. Si vous passez dix heures par semaine en avion, cela ajoute 4 mSv à votre exposition, ce qui ne représente donc pas plus de risque que de déménager dans les Cornouailles !

L'exposition aux radiations est mesurée en milliSieverts (mSv).

Cependant, l'exposition est cumulative, donc si vous prenez souvent l'avion (plus de dix heures par semaine) et que vous habitez dans une zone à forte exposition, il est bon de savoir que vous vous exposez à un certain risque. Si vous souhaitez diminuer votre niveau d'exposition, en plus de déménager dans un endroit où les radiations seront moindres, vous pouvez aussi arrêter de manger des **fruits de mer**, car ils peuvent augmenter votre exposition de 0,5 mSv par an puisqu'ils filtrent les matériaux radioactifs dans l'eau !

Il faut également tenir compte des **cycles solaires**. La quantité de radiations émises par le Soleil varie selon un cycle de onze ans. Selon le moment du cycle où il se trouve, le Soleil peut ajouter de 0 à 1 mSv par heure à votre exposition. Il y a eu un maximum en 2011, il y aura un minimum vers 2016, et le prochain maximum en 2022. Il n'y a aucune raison de s'inquiéter de l'exposition aux radiations lors d'un seul vol ou lors de vacances aux Cornouailles, mais si vous prenez l'avion plus d'une fois par semaine, il est bon d'en savoir un peu plus.

La vie en cabine

Pression sur le sang

À l'intérieur de la cabine, il y a quelques points d'inquiétudes pour lesquels les passagers sont mieux informés de nos jours : la thrombose veineuse profonde ou **phlébite** et le décalage horaire. Des millions de personnes sont atteintes de phlébite chaque année, la plupart n'ayant pas de conséquences graves et n'étant pas causées par un voyage en avion.

Lors d'un vol long courrier, la thrombose veineuse profonde est due à un petit caillot sanguin qui se forme généralement dans la jambe, en raison de la pression constante du siège et qui est aggravée par la pression atmosphérique réduite.

Si vous êtes sur un vol long courrier, un excellent moyen de réduire les risques de **phlébite** est de faire un peu d'exercice. Essayez de vous déplacer dans la cabine au moins une fois par heure. Si ce n'est pas possible, pliez et dépliez vos jambes et massez-les. En fait, il faudrait le faire régulièrement, que vous vous déplaciez dans la cabine ou non. Il est également bon de **boire beaucoup d'eau** et d'éviter les substances déshydratantes comme l'alcool et le café. Si l'aspirine ne vous pose pas de problèmes (vérifiez-le auprès de votre médecin), une petite dose (environ un demi-cachet pour un adulte) peut vous aider en fluidifiant légèrement votre sang. Vous pouvez aussi opter pour les **collants de maintien**, certes peu flatteurs, mais qui peuvent être portés sous un pantalon sans vous gêner.

Rattraper le décalage horaire

Le décalage horaire est une expérience, plus désagréable que dangereuse, que feront la plupart des voyageurs qui traversent plusieurs **fuseaux horaires**. Ces lignes qui divisent la Terre en différents horaires ont été créées quand les chemins de fers sont arrivés et ont changé notre perception de l'heure. On aurait pu avoir une heure fixée pour toute la planète, où 17 heures serait le matin à un endroit, l'après-midi à un autre, et au milieu de la nuit encore ailleurs. L'**heure** serait la même partout, mais elle n'indiquerait plus un certain moment de la journée. Cela n'aurait aucune influence sur le décalage horaire, puisque les journées seraient toujours liées à la lumière du jour, et seraient donc différentes selon les endroits du monde.

Traverser les fuseaux horaires

Avant que les fuseaux horaires ne soient établis, chacun vivait selon son heure locale basée sur le Soleil. Il n'y avait aucune **coordination de l'heure**, ce qui veut dire qu'elle pouvait, et c'était le cas, varier d'une ville à l'autre. Quand il était midi à New York, il n'était pas midi à Boston. L'heure n'était pas la même à Paris et à Bordeaux. L'arrivée du chemin de fer a rendu l'échange d'horaires entre les gares d'une même ligne, indispensable. Il aurait été compliqué d'avoir des horaires de passage où chaque arrivée et départ reflétait la différente **conception de midi** dans chaque ville. Les fuseaux horaires, tels que nous les connaissons, ont été majoritairement introduits à la fin du XIXe siècle.

Les fuseaux horaires des États-Unis, par exemple, ont été formalisés en 1883 tandis qu'en France, l'heure légale a été unifiée en 1891.

Les principaux fuseaux horaires divisent le monde en segments qui partagent la même heure. Par exemple, les États-Unis, sans l'Alaska, sont divisés en quatre fuseaux horaires, allant de l'heure de l'Est qui correspond à l'heure moyenne de **Greenwich** (GMT) moins cinq heures, à l'heure du Pacifique qui est l'heure GMT moins huit heures. Certaines parties du monde rendent les choses plus compliquées en utilisant des variantes de trente ou quarante-cinq minutes dans leur fuseau horaire. Par exemple, le Venezuela à quatre heures et demie de retard sur l'heure GMT, et le Népal à cinq heures trois quarts d'avance. Si les fuseaux horaires étaient des **segments** régulièrement espacés comme ceux d'une orange, chacun serait séparé du suivant de 15 degrés de longitude, mais en pratique, les séparations sont sinueuses et font des détours sur leur chemin d'un pôle à l'autre.

Certaines limites entre les fuseaux horaires sont au milieu de la mer, en particulier la ligne de changement de date séparant un jour du suivant, qui est intentionnellement **en dents de scie** pour éviter la terre. Si vous vous tenez à la frontière entre la Géorgie et l'Alabama aux États-Unis par exemple, traverser cette frontière vous fera passer de l'heure de l'Est à l'heure du Centre. Ce petit jeu n'est pas faisable en **Chine**. Même si le pays est assez grand pour couvrir cinq fuseaux horaires, un seul horaire universel a été adopté pour tout le pays.

Les États-Unis étant séparés en quatre fuseaux horaires, il est inévitable, qu'à certains endroits, un seul pas vous emmène une heure dans le futur ou dans le passé.

Un tour qui est rendu possible par les fuseaux horaires est **d'arrêter le temps**. Si vous volez à la bonne vitesse, vous pouvez passer toute une journée à passer du réveillon du jour de l'An au jour de l'An. Cette vitesse dépend de l'endroit où vous volez. Il vous faudrait aller plus vite au niveau de l'équateur où vous devriez parcourir 40 000 kilomètres en 24 heures, ce qui nécessiterait une vitesse de 1 666 km/h, beaucoup trop pour un avion d'aujourd'hui, mais tout à fait possible pour un **Concorde**. Si vous vous rapprochez d'un pôle, il n'est pas compliqué d'y arriver, la distance à parcourir étant de plus en plus petite jusqu'à ce qu'au pôle, vous soyez en mesure de traverser tous les fuseaux en tournant sur vous-même. Si votre avion parvenait à se poser sur l'un des **pôles**, vous seriez, en théorie, dans tous les fuseaux horaires en même temps. Cela n'est pas possible en pratique, les deux pôles utilisant l'heure GMT comme horaire officiel.

Qu'est-ce que le décalage horaire ?

Quand il s'agit de décalage horaire, les fuseaux horaires ne sont pas un réel problème. Ce qui nous intéresse ici, c'est la combinaison de fatigue et de confusion liée au fait que l'on soit en activité **le jour** alors que notre organisme réagit comme s'il était au milieu de **la nuit**. Ce problème se pose également pour les gens qui travaillent par quarts. Le décalage horaire n'est pas une maladie et il ne peut être guéri, pas plus que la fatigue. Son impact peut être minimisé, ou vous pouvez **duper votre corps** pour qu'il l'ignore, mais vous ne pouvez pas prendre une pilule magique pour le faire disparaître. Le mieux que vous puissiez faire est de prendre un stimulant pour ne plus vous sentir fatigué.

Même si le décalage horaire n'est pas une maladie, il peut avoir un sérieux impact sur votre capacité à vous **concentrer** et à prendre des décisions sensées, encore une fois, tout comme la fatigue.

ANECDOTES

Un exemple classique des dangers du décalage horaire vient de feu John Foster Dulles, qui fut secrétaire d'État des États-Unis. Dulles a reconnu à la fin de sa vie, qu'il avait précipité la crise du canal de Suez en 1956 en prenant la décision d'annuler le prêt à l'Égypte pour le haut barrage d'Assouan juste après son retour à Washington du Moyen-Orient. Il n'avait pas pris le temps de se remettre de son voyage et considérait que le décalage horaire était la principale raison de son erreur.

Si vous avez assez de temps, vous pouvez laisser passer le décalage horaire en vous reposant. Ce qui prend environ un jour pour **récupérer** de chaque fuseau horaire traversé, les effets étant moindres si vous voyagez vers l'ouest. Allonger votre journée en rattrapant le Soleil semble moins traumatisant que de grignoter l'exposition à la lumière du jour. Si vous ne voulez pas attendre, vous pouvez alors réduire l'effet du décalage horaire en commençant par manger et boire.

Apprivoiser le décalage horaire

Idéalement, commencez votre plan d'attaque avant de voler. Ce conseil ne vous sera pas d'une grande utilité si vous lisez ce livre à bord, mais il y aura bien une prochaine fois. **Dormez** autant que possible avant votre vol, ne **mangez** rien d'irritant dans les 24 heures le précédant, et **buvez** une quantité raisonnable de liquides. Vous avez peut-être entendu dire que l'eau est le seul liquide valable pour s'hydrater parce que les fruits pressés ou en jus n'ont pas le même effet… il n'en est rien. Cependant, évitez les diurétiques, ces boissons qui encouragent votre corps à éliminer les fluides comme le café, le thé, et en particulier l'alcool.

Quand vous embarquez, mettez immédiatement **votre montre** à l'heure de votre destination et restez-y. Essayez autant que possible de vous comporter à bord en fonction de l'heure à laquelle vous arriverez. Si vous devez atterrir le matin, essayez de dormir au moins six heures avant d'arriver. Si vous arrivez le soir, essayez de rester éveillé huit heures avant l'atterrissage. Conservez cette **habitude** une fois arrivé. Si, à l'heure locale, ce n'est pas l'heure où vous feriez une sieste, n'en faites pas.

L'inconvénient principal à bord est que vous ne pourrez peut-être pas adapter votre « planning alimentaire », mais essayez au maximum de conserver les horaires de repas que vous aurez une fois arrivé à destination. S'il s'agit de décliner un repas offert, résistez et ne cédez pas à la **tentation**. Si vous êtes en classe économique, vous ne raterez probablement rien, et si vous avez payé votre place plus cher, le personnel de cabine devrait être suffisamment accommodant pour vous apporter à manger quand vous le demanderez plutôt que quand leur programme l'impose.

Pour être honnête, il vaut mieux ne pas trop manger à bord de toute façon. Si vous arrivez en journée, promenez-vous… Faire de l'exercice vous aidera à réduire les effets du décalage horaire. Assurez-vous de manger à l'heure locale, et non à l'heure qui semble juste par rapport à votre point de départ.

Gardez-vous totalement de boire de l'alcool qui déshydrate votre corps et augmente l'effet du décalage horaire.

Avoir recours aux médicaments

Plusieurs études ont été faites sur les bénéfices de la **méla-tonine**, le médicament anti décalage horaire dont vous avez peut-être vu les publicités sur Internet. Cette hormone produite par la glande pinéale a la réputation de duper le cerveau et de lui faire ignorer l'effet du changement de fuseau horaire. Des **recherches** menées à l'université de Heidelberg ont montré qu'après un long vol, le taux de mélatonine changeait, et il existe un lien étroit entre lui et la capacité à dormir. Toutefois, de vraies questions se posent quant à la prescription de mélatonine pour « guérir » le décalage horaire.

Rappelez-vous, le décalage horaire n'est pas une maladie, on ne peut pas le guérir. D'après la revue médicale anglaise *The Lancet* :

> « L'utilité apparente de la mélatonine à soulager les effets du décalage horaire pourrait être liée à une activité psychotrope mal définie, mais de tels effets peuvent être indésirables, particulièrement s'ils modifient le fonctionnement en journée. […] La mélatonine est un possible inhibiteur

du développement sexuel chez les rats et peut initier une régression des gonades chez les campagnols. Elle a également des effets endocriniens sur l'Homme. Les effets ne peuvent être pris à la légère... »

Si ce médicament est efficace, il est nécessaire d'établir un programme strict quant à la prise des doses au moment du vol. Dans le cas contraire, le médicament ne fera qu'empirer les effets du décalage horaire au lieu d'améliorer votre adaptation. De manière encore plus préoccupante cependant, et comme tout traitement hormonal, il y a de grandes inquiétudes quant aux **effets secondaires possibles**. Comparée à une approche non-intrusive comme les suggestions concernant les horaires des repas et le sommeil, l'utilisation de la mélatonine est au mieux douteuse.

Il existe quelques preuves que la mélatonine agit même si les effets secondaires peuvent être pires que le problème original. En comparaison, certaines méthodes pour contrer le décalage horaire sont entièrement basées sur la **duperie** de votre corps. Certaines méthodes impliquent un régime alimentaire complexe avec des périodes de jeûne et de festin plusieurs jours avant le vol. D'autres proposent de bombarder le passager de **lumières fortes** pour embrouiller son rythme naturel. Les seules qui valent peut-être la peine d'être envisagées sont l'aromathérapie et l'homéopathie.

Il existe une flopée de thérapies alternatives et de traitements exotiques auxquels vous pouvez avoir recours pour lutter contre le décalage horaire.

L'**aromathérapie** et l'**homéopathie** n'ont aucun effet sur le corps (ce n'est pas surprenant, les remèdes homéopathiques, par exemple, ne contiennent généralement aucun des ingrédients actifs mentionnés sur le tube). Néanmoins, ils sont très bons pour stimuler l'effet placebo. Ce qui arrive quand votre cerveau croit que vous retirez un bénéfice, il relâche des produits chimiques naturels dans le corps qui ont un réel effet. L'utilisation de ces **placebos** peut être envisagée en complément du sommeil et de l'eau, et ne vous fera en tout cas aucun mal. Tout ce qui vous aide à dormir de manière naturelle devrait être bénéfique.

Y a-t-il un décalage horaire entre le Nord et le Sud ?

Certaines idées originales ont été utilisées pour expliquer le problème moins connu de décalage horaire entre le Nord et le Sud. Le décalage horaire conventionnel arrive sur des vols qui traversent des fuseaux horaires, ce qui rallonge ou raccourcit la journée. Mais qu'en est-il des vols long courriers où il n'y a **pas de changement d'horaire**, où le voyage se fait au sein d'un seul fuseau horaire, par exemple entre Toronto et Lima ou entre Johannesburg et Helsinki ? Si le changement d'horaire était la seule cause du décalage horaire, il ne devrait y avoir aucun effet produit par un vol long courrier du Nord au Sud ou du Sud au Nord mais il y en a bel et bien un.

Ce qui a mené certains écrivains s'intéressant au voyage en avion à penser qu'il existait des forces étranges qui agissent sur le corps. Ils attirent l'attention sur le fait qu'un voyage Nord-Sud traverse les **champs magnétiques** de la Terre. Ils remarquent que l'eau (un constituant majeur de notre corps après tout) semble se **comporter différemment** au nord et au sud de l'équateur, comme on peut le voir quand l'eau s'écoule dans la bonde dans le sens des aiguilles d'une montre au nord, et dans le sens inverse au sud. La conclusion en est que le changement d'hémisphère peut avoir un effet direct sur les fluides corporels.

Malheureusement, ces idées amusantes n'ont que peu de fondements dans la **réalité scientifique**. Le sens de rotation de l'eau du bain serait dû à la force de Coriolis, qui comme nous l'avons déjà vu, est un effet de la rotation de la Terre. Cette force est très faible et la preuve est faite que la supposée différence de direction de l'eau s'écoulant dans la bonde est un **mythe**. L'influence de l'effet de Coriolis sur le corps est insignifiante, elle est bien plus faible que n'importe quelle influence due au mouvement de l'avion. Quant au champ magnétique terrestre, bien qu'il y ait des preuves que certains **oiseaux** peuvent détecter des changements dans les champs magnétiques et qu'ils s'en servent pour s'orienter, n'est pas très puissant, et encore une fois, aucun mécanisme évident ne le relie à notre bien-être.

Plutôt que nous laisser impressionner par la pseudoscience, il nous faut revenir sur la définition que nous avons donnée au décalage horaire. Il s'agit d'une **fatigue similaire** à celle ressentie par un travailleur par quarts, ajoutée à une désorientation due au changement d'horaire, l'effet de la déshydratation et de l'exposition à une pression atmosphérique réduite. Tous ces facteurs, mise à part la désorientation due au changement d'heure, sont toujours présents lors d'un vol qui reste dans le même fuseau horaire. Il n'existe pas de **force mystique** qui réduira le décalage horaire lors de ces vols long courriers du Nord au Sud et du Sud au Nord, ni d'autres remèdes (les mêmes méthodes vous aideront à surmonter cette forme de décalage horaire).

L'expérience du mouvement

Nous nous sommes concentrés sur l'intérieur de l'avion. Il est temps de regarder à nouveau par le hublot. Tout ce qui est à proximité, comme un nuage par exemple, semble se **déplacer** à très grande vitesse, alors que le paysage au loin donne à peine l'impression de bouger. Pourquoi donc ?

EXPÉRIENCE

JOUER AVEC LA PARALLAXE

Regardez par la fenêtre de l'avion et mettez votre doigt devant votre visage, à environ une trentaine de centimètres de vos yeux. Fermez votre œil droit et notez où se trouve votre doigt. Maintenant changez d'œil, fermez votre œil gauche et ouvrez le droit. Renouvelez l'opération à plusieurs reprises. Vous verrez votre doigt se déplacer en avant et en arrière par rapport à la fenêtre et à la vue sur l'extérieur. Il est évident que votre doigt ne se déplace pas d'avant en arrière, mais changer de point de vue modifie sa position apparente. Vos yeux sont positionnés différemment, ils voient donc votre doigt différemment.

Cet effet est connu sous le nom de parallaxe, et il peut produire des effets encore plus perturbants. Si vous pouvez voir des nuages où des repères au sol en dessous de l'avion, fixez votre regard sur le milieu de la distance. Regardez un moment pendant que l'avion continue de voler. Comment se déplace un nuage ou un repère au sol plus loin par rapport au point que vous fixez ? Qu'en est-il pour un point plus près ? Le point le plus éloigné semble avancer par rapport au milieu de la distance quand vous volez, alors qu'un point plus proche semble reculer.

Comme vos yeux voient le monde de deux points de vue différents, ce qui est essentiel pour obtenir **une vision** de la profondeur **en 3D**, passer d'un œil à l'autre vous montre deux points de vue différents. Plus un repère est loin, moins il semble se déplacer quand on change d'angle de vue, donc votre doigt semble se déplacer par rapport à l'arrière-plan. Imaginez une ligne allant de votre œil gauche à un objet distant. Maintenant, imaginez comment votre ligne de vue se déplace quand vous passez à votre œil droit. La ligne balaye une plus grande distance près de votre œil qu'au loin. De la même manière, les nuages près de vous, qui balayent un angle plus grand au même moment, semblent passer à toute allure, alors que ceux plus loin ont à peine l'air de bouger.

Si vous gardez cette image d'une ligne vous reliant à un point distant, et que vous fixez cette ligne sur la demi-distance que vous avez utilisée dans la deuxième partie de l'expérience, alors quand vous passez de l'œil gauche à l'œil droit, l'objet au loin aura avancé par rapport à votre ligne. Il semblera avoir avancé par rapport à la demi-distance, même s'il continue de reculer par rapport à l'avion. Les choses qui sont plus proches que la demi-distance restent derrière la ligne, elles reculent par rapport au milieu de votre ligne. En réalité, ces objets à l'extérieur n'ont pas bougé l'un par rapport à l'autre. Ce n'est que votre **changement d'angle de vue** qui donne cette impression.

Relativement intéressant

Quand un objet se déplace réellement par rapport à un autre, comme vous vous déplacez par rapport à tout ce qui est dehors (hormis ce qui est relié à l'avion comme les ailes), l'effet de ce mouvement est appelé **relativité**. Observons les effets de la relativité dans la cabine de l'avion.

Albert Einstein a donné une définition bien connue : **« Placez votre main une minute sur un poêle brûlant et cela vous semble durer une heure. Asseyez-vous auprès d'une jolie fille une heure et cela vous semble durer une minute. C'est ça la relativité. »** Si pendant votre vol, vous êtes assis à côté de quelqu'un, vous avez peut-être ressenti l'un ou l'autre de ces effets : le temps passe vite quand vous buvez un verre en bavardant avec un bon compagnon, mais il paraît s'arrêter quand vous êtes coincé avec quelqu'un de barbant.

Bien qu'Einstein qualifiait en plaisantant cet effet de relativité, il décrivait en fait la perception temporelle, la façon dont nous ressentons le temps passé, et qui peut être très différente du tic-tac régulier d'une **horloge** qui marque le temps objectif et scientifique. C'est le temps qui « passe vite quand on s'amuse ». Cependant, la vraie conception physique de la relativité peut aussi être observée de votre siège de plusieurs façons.

La grande idée de Galilée

Même si l'on pense automatiquement à Einstein quand on mentionne la relativité, ce n'est pas lui qui a inventé ce concept. Ce fut Galilée qui exprima les bases modernes de la relativité dans les années 1630, stupéfiant son entourage.

EXPÉRIENCE

LE BRISE-GLACE

Il vous faudra un verre contenant un glaçon. Posez le verre sur votre tablette et regardez le glaçon. Si vous en avez l'occasion, observez ce qui se passe quand l'avion vole de manière fluide et stable. Gardez également un œil sur votre glaçon s'il y a des turbulences, ou si l'avion accélère ou prend un virage.

Quand l'avion vole de façon stable, sans aucune accélération, le glaçon ne bouge pas, tout comme il le ferait au sol. Si votre avion est très bien stabilisé, avec les volets fermés, vous ne savez même pas que vous êtes en train de bouger. Il n'y a aucune expérience scientifique élémentaire que vous puissiez faire dans l'avion qui vous prouverait que vous vous déplacez. Tout se comporte normalement. C'était ça la grande idée de Galilée. Il s'était servi d'un bateau qui voguait tranquillement pour sa démonstration, mais le concept est le même.

Quand l'avion rencontre des turbulences ou qu'il accélère, les virages ne sont qu'une forme d'accélération et soudain plus rien ne se comporte normalement. On peut savoir que l'on est à bord d'un véhicule qui se déplace, soit d'après la réaction du glaçon soit à cause de l'impact sur nos sens.

Galilée a réalisé que tout **mouvement** devait être relatif à autre chose. Si deux objets se déplacent exactement à la même vitesse et dans la même direction, chacun verra l'autre immobile. Si vous voyez un avion par votre hublot, et qu'il va à la même vitesse et dans la même direction que vous, vous aurez l'impression qu'il ne bouge pas. Mais c'est bien plus qu'une simple question d'apparence, l'avion est bel et bien immobile de **votre point de vue**. S'ils étaient suffisamment proches, vous pourriez passer de l'un à l'autre en marchant sans aucun problème.

Si c'était aussi important pour Galilée, c'est que cela lui permettait de soutenir la théorie de **Copernic** selon laquelle la Terre tourne autour du Soleil. À cette époque, on pensait depuis la Grèce antique que la Terre était immobile au centre de l'Univers et que le Soleil, et tout le reste, tournait autour d'elle. L'une des objections les plus communément faite à Galilée était que si la Terre bougeait, tout ce qui n'est pas fixé au sol s'envolerait et resterait dans le sillage de la Terre. Pourtant cela n'arrive pas car de notre point de vue, la Terre ne bouge pas. Nous nous déplaçons tous à la même vitesse que la Terre, à moins par exemple, d'être en l'air dans un avion.

EXPÉRIENCE

RATTRAPER

Nous allons recréer une expérience faite par Galilée et qui étonna plusieurs personnes qui ne comprenaient pas la relativité. Le petit groupe naviguait sur le lac de Piediluco, dans un bateau emmené par six rameurs. Galilée demanda à l'un de ses amis, Stelluti, s'il avait à portée de main quelque chose de lourd. Stelluti lui donna une grosse clé, de toute évidence importante et difficile à remplacer. Galilée le stupéfia lorsqu'il jeta la clé de toutes ses forces droit au-dessus de sa tête. Stelluti paniqua et était prêt à se jeter à l'eau, persuadé que sa clé resterait sur place et qu'elle tomberait dans l'eau derrière le bateau, puisqu'il avance.

N'essayez pas de jeter des clés au-dessus de votre tête dans un avion rempli de passagers. Utilisez plutôt une boulette de papier, et mettez-vous à un endroit à l'abri des passagers et de l'équipage. Lancez la boulette en l'air aussi droit que vous le pouvez. L'ami de Galilée avait pensé que la boulette serait partie vers l'arrière de l'avion parce que l'avion est poussé vers l'avant et pas la boulette. Il est évident que cela n'arrive pas.

Jusqu'à l'arrivée de Galilée, tout le monde croyait que les objets ne continuaient de bouger que si on les poussait, ou s'ils étaient sous l'influence de la gravité ou de la légèreté. Il est clair que la boulette de papier **se déplace avec vous**, tout comme la clé se déplaçait avec Galilée, jusqu'à ce que vous la lanciez en l'air. Mais à ce moment-là, on pensait qu'elle ne serait plus poussée avec vous et donc qu'elle resterait sur place. En pratique, comme vous aurez pu le constater avec votre boulette à moins que vous n'ayez pas réussi à la lancer droit, il n'y a pas de **mouvement relatif** entre vous et la boulette, et il n'y a rien qui agit dessus pour la faire bouger par rapport à vous.

Imaginons que d'une manière ou d'une autre, vous ayez réussi à vous retrouver sur l'aile de l'avion avec votre boulette de papier et que vous la lanciez à nouveau droit en l'air. Qu'arriverait-il alors ? Là, la boulette partirait en effet vers l'arrière. Mais cela est dû au **déplacement rapide** de l'avion par rapport à l'air. De votre point de vue, assis sur l'aile, l'avion est immobile et l'air vous vient de face à grande vitesse. Cet air qui va derrière vous va frapper la boulette et les plusieurs milliards de collisions avec les molécules d'air qui arrivent très vite, vont la **propulser** derrière vous. Galilée a utilisé une clé lourde sur le lac pour éviter ce problème.

Dans le courant-jet

Quand l'avion était encore bas et que vous regardiez le sol, il est bien clair que vous avanciez par rapport à la Terre ou, comme l'aurait fait remarquer Galilée, vous pourriez aussi bien dire que vous étiez immobile et que la Terre reculait en dessous de vous. Apparemment, Einstein avait pour habitude de demander « **À quelle heure la gare arrive-t-elle à ce train ?** ». Cette farce devait devenir un peu énervante à force de répétition. Mais à quelle vitesse allez-vous ?

Si vous êtes dans un Boeing 747, par exemple, votre vitesse de croisière sera entre 880 et 915 km/h. Cependant, si quelqu'un vous observe depuis le sol en utilisant un radar de contrôle routier, et que vous allez des États-Unis à la France, il pourrait vous dire que vous allez plus vite que le son. Vous pouvez, de façon relative, franchir le **mur du son** dans un avion standard sans même vous en apercevoir.

La **réelle vitesse** d'un avion est celle par rapport à l'air autour de lui, et non par rapport au sol. Cette vitesse de 900 km/h est celle à laquelle vous vous déplacez par rapport à l'air autour de vous. Mais disons que l'air se déplace dans la même direction que vous, à 300 km/h ; alors votre vitesse, qui sera constatée par le radar au sol, sera de 900 + 300 = 1 200 km/h. Vous serez au-delà de la vitesse du son qui est de 1 190 km/h.

Une telle vitesse peut paraître extrême pour un vent, mais elle n'est pas rare dans un **puissant courant-jet**, également appelé « *jet stream* », un courant d'air constant qui se déplace de l'ouest vers l'est et qui est dû à la rotation de la Terre. Les courants-jets se forment lors d'une inversion de température dans l'atmosphère, dans une région où la température augmente si l'on monte ou descend, ce qui arrive souvent à l'altitude de croisière d'un avion de ligne de 9 à 12 000 mètres. Il s'agit de la limite entre la basse atmosphère, la **troposphère** (où règne l'effet de serre) et la haute atmosphère, la **stratosphère**, où les rayons directs du Soleil ont le plus d'effet. Il n'y a pas de courants-jets partout autour du globe. Ils forment de longs couloirs et peuvent atteindre les 400 km/h. Un vol, vers l'est, peut alors être bien plus rapide et plus économe en carburant que son équivalent vers l'ouest, et même devenir un vol supersonique.

La spéciale

En 1905, **Einstein** emmena la relativité encore plus loin que Galilée par une remarquable découverte. Retournons à notre courant-jet. Souvenez-vous comment la vitesse de l'air, ajoutée à celle de l'avion, le faisait avancer plus vite par rapport au sol. De la même manière, la relativité de Galilée nous dit que si deux avions volent l'un vers l'autre, alors on peut additionner leurs vitesses. Chacun peut aller à 900 km/h par rapport au sol, mais vu d'un avion, l'autre arrive vers lui à la **vitesse impressionnante** de 1 800 km/h. Et, comme nous l'avons vu, si deux avions volent l'un à côté de l'autre à la même vitesse et dans la même direction, ils ne bougent pas l'un par rapport à l'autre.

Au moment où Einstein a découvert cela, il ne pensait pas aux avions qui venaient tout juste d'être inventés (ce n'était que deux ans après le premier vol des frères Wright en 1903) mais à la **lumière**. Imaginez que votre avion devienne subitement incroyablement rapide, vous volez à 300 000 km/s à la même vitesse que la lumière. À côté de vous se trouve un rayon de Soleil qui va dans la même direction. D'après Galilée, de votre point de vue, ce rayon serait immobile mais Einstein a réalisé que cela poserait un gros problème.

Le scientifique écossais, James Clerk Maxwell, avait démontré à la fin du XIXe siècle que la lumière doit se déplacer à une certaine vitesse.

La **vitesse de la lumière** varie en fonction du milieu qu'elle traverse : elle va plus vite dans le vide que dans le verre par exemple, mais pour un milieu donné, disons l'air, elle ne choisit pas sa vitesse. La lumière est une **interaction** entre l'électricité et le magnétisme. Si vous déplacez un courant électrique, vous générez du magnétisme. Déplacez un aimant et vous créez de l'électricité. Déplacez votre électricité à la bonne vitesse et elle générera du magnétisme qui créé de l'électricité, qui engendre du magnétisme et ainsi de suite… ils s'entretiennent mutuellement. Cela n'arrive que précisément à la vitesse de la lumière. Elle ne peut **exister** à une autre vitesse.

Einstein a donc réalisé que si la lumière changeait de vitesse quand nous nous déplaçons par rapport à elle, elle disparaîtrait. Dès que votre avion s'est mis à bouger, toute la lumière à l'extérieur aurait dû disparaître. Une personne qui ne serait pas parfaitement immobile (et par rapport à quoi ?) ne verrait rien, puisque la lumière autour d'elle se désintègrerait. C'est tout bonnement ridicule, de toute évidence cela ne se produit pas. Einstein a eu l'**idée folle** que la lumière voyage toujours à la même vitesse, peu importe comment vous vous déplacez par rapport à elle. Quand vous volez en direction du Soleil à 900 km/h, la lumière ne va pas plus vite de 900 km/h, sa vitesse est **exactement la même** que lorsqu'elle arrive sur un avion posé au sol.

Quand Einstein introduisit cette idée dans les équations de Newton qui régissent le mouvement, il reçut un choc. Pour pouvoir fixer la vitesse de la lumière, il a dû faire varier plusieurs **paramètres** que tout le monde pensait alors invariables. Si un objet se déplace, alors cette nouvelle théorie prédit qu'il devient plus lourd, plus petit, et que pour lui, le **temps ralentit**. Cet effet est très faible à moins que vous ne voyagiez à la vitesse de la lumière, mais il a de grandes conséquences. Comme nous l'avons vu, les satellites GPS ne fonctionneraient pas s'ils n'étaient pas corrigés.

Les vols anti-vieillissement

Einstein appelait ce concept la « relativité spéciale » car il s'était intéressé au cas particulier de la relativité d'objets qui se déplacent uniformément, sans accélération. L'implication la plus étrange de cette théorie est ce que l'on a appelé le **paradoxe des jumeaux**. Si on prend deux sœurs jumelles, que l'on en met une dans une fusée qui est envoyée dans l'espace à la vitesse de la lumière, et que l'autre reste sur Terre, le temps passera moins vite pour celle qui est dans la fusée. Quand elle reviendra sur Terre, elle sera **plus jeune que sa jumelle**. Ce n'est pas un effet subjectif, comme c'était le cas avec l'histoire du poêle brûlant, il y a un vrai ralentissement du temps. L'expérience a été réalisée non pas avec deux humains, mais avec deux horloges atomiques jumelles et celle qui se déplaçait a bel et bien enregistré un ralentissement du temps.

Comme cela s'applique à n'importe quelle vitesse de déplacement, vous aussi, quand vous descendrez de l'avion, **vous serez un petit peu plus jeune** que vous ne l'auriez été en restant au sol. Si vous avez un jumeau, il sera désormais un tout petit plus vieux que vous ! L'effet est vraiment infime à la vitesse d'un avion. Pour en avoir un plus notable, il vous faudrait voyager à un certain pourcentage de la vitesse de la lumière. Mais même avec la vitesse des avions modestes, après 40 ans de traversées de l'Atlantique hebdomadaires, vous auriez gagné un millième de seconde. Pas vraiment de quoi inquiéter les fabricants de crèmes anti-vieillissement !

Une bonne tasse de thé

Nous avons commencé notre exploration de la relativité avec une boisson, mais on vous en servira peut-être une autre à bord qui pourrait être **décevante**, et pas seulement parce qu'elle est dans un gobelet en plastique. Il s'agit d'une bonne tasse de thé. Les amateurs de thé aiment le faire avec de l'eau bouillante, ce qui nécessite de faire chauffer l'eau à 100 °C. Cela n'arrivera jamais dans un avion. Ce n'est pas que le personnel de cabine n'a pas le temps de s'en occuper, mais il lui est impossible de faire atteindre 100 °C à l'eau.

C'est un effet de la pression de l'air. Imaginez ce qui se passe quand un liquide comme l'eau bout. Cela veut dire que les molécules dans le liquide vont assez vite pour pouvoir s'échapper dans l'air. S'il n'y avait pas d'air, elles pourraient s'échapper à n'importe quelle vitesse, et si vous mettez de l'eau dans le vide spatial, elle bouillira malgré le froid glacial. Généralement, la **pression de l'air** empêche la plupart des molécules d'eau de s'échapper. Imaginez l'air comme un bombardement de milliards de boulets s'abattant tous sur l'eau pour l'empêcher de sortir. Si vous réduisez la pression de l'air, vous diminuez le nombre de boulets qui frappent la surface, les molécules d'eau n'ont pas à aller aussi vite pour parvenir à s'échapper.

À la pression d'une cabine d'avion, l'équivalent de 2 500 mètres au-dessus du niveau de la mer, l'**eau bout à environ 90 °C**, et votre thé ne sera pas plus chaud que ça. Peu importe comment l'équipage fera chauffer la bouilloire, elle ne passera pas au-dessus de 90 °C avant que toute l'eau ne soit évaporée. C'est parce que toute **énergie** ajoutée à son point d'ébullition sera utilisée pour casser les liens qui maintiennent l'eau à l'état liquide, et la forcer à se transformer davantage en gaz plutôt qu'à changer de température. Ce n'est que lorsque tous les liens sont cassés que la température recommence à monter.

Imaginez que l'on mette une des bouilloires de la cuisine sur l'**aile** de l'avion. Un thé fait avec cette eau ne serait pas très appétissant. Avec la faible pression de l'air à 12 000 mètres d'altitude, l'eau bout à 53 °C…

Donc si vous n'aimez que le thé infusé dans de l'eau bouillant à 100 °C, il est probablement mieux de vous en tenir au **café** pendant votre voyage.

Entendre la nourriture

Si le thé vous déçoit, il y a de fortes chances que la nourriture ne soit pas mieux. Ce n'est probablement pas une surprise. À moins que vous ne soyez en classe affaires ou en première classe, les repas servis par les compagnies aériennes n'ont pas une **bonne réputation** ! Pourtant, ce n'est pas nécessairement de la faute de la compagnie. Il y a des effets physiques qui peuvent **réduire le goût** de la nourriture. Cela peut provenir de la pression réduite de la cabine, l'air très sec à bord et du fait que les plats soient réchauffés, mais une cause plus surprenante est le **bruit ambiant**.

Bien que l'on s'y habitue assez vite et que l'on finit par l'ignorer, il y a un bruit constant pendant un vol qui provient des moteurs et des aérations, sans parler des passagers. Si vous lisez ceci dans l'avion, vous recommencerez soudainement à **entendre** ce bruit. Il est toujours là. Une étude publiée en 2010 a observé l'influence du bruit sur notre perception de la nourriture. Des cobayes avec les yeux bandés devaient noter différents plats en étant exposés à différents niveaux de bruit ambiant. Quand le **volume du bruit** était plus fort, ils avaient tendance à trouver la nourriture moins sucrée ou salée et plus croquante. Cependant cette étude a été menée sur un échantillon relativement petit de 48 personnes, il y a donc encore des études à faire avant de prendre une décision finale pour savoir si la restauration aérienne pourrait être améliorée par la distribution de bouchons d'oreilles !

La technologie à bord

Suivre votre trajet sur la carte

Après un moment, aussi étonnant que cela puisse paraître quand on regarde bien, la vue depuis votre fenêtre devient un peu monotone. Il est temps de s'intéresser un peu plus à vos divertissements à **l'intérieur de l'avion**. Il est très probable que vous puissiez suivre quelque part, la progression de votre vol grâce à une carte électronique qui montre le chemin pris par l'avion. Il paraîtra souvent étrangement **indirect**. Il semble pourtant logique de suivre une ligne droite au vu du prix élevé du carburant, d'autant plus qu'il y a peu d'obstacles dans le ciel. Pourtant, les compagnies aériennes insistent pour garder les virages sur les vols. Il y a trois raisons qui vous empêchent de voyager en ligne droite.

La plus fondamentale est que la **distance** la plus courte entre deux points sur Terre n'apparaît pas comme une ligne droite sur une carte. La Terre a une forme de sphère, légèrement gonflée en son milieu parce qu'elle tourne sur elle-même, mais nous pouvons ignorer cela ici. La distance la plus courte entre deux points sur une sphère passe par un grand cercle. Il s'agit d'un **cercle** qui coupe la sphère en deux en son milieu, il a le même rayon et la même circonférence que la Terre. Un grand cercle est donc comme un équateur, mais il peut être tracé entre deux points n'importe où sur Terre et la sépare en deux hémisphères.

Il peut sembler raisonnable que deux points à des latitudes différentes (il s'agit de l'éloignement de l'équateur en direction des pôles) seront **rejoints plus efficacement** par un grand cercle. Mais qu'en est-il de deux points à des latitudes au nord, tous deux sur la même ligne de latitude, par exemple pour faire le tour du pôle Nord à quelques centaines de kilomètres du pôle ? La distance ne serait-elle pas plus courte en suivant la ligne de latitude, un cercle plus petit ? La réponse est non, car un « petit cercle » comme la latitude a un rayon de courbure plus important qu'un grand cercle, cela augmente la **distance parcourue**. En effet, pour suivre cette route, votre trajet sera plus courbé.

Pour afficher votre parcours sur un écran ou sur un magazine de bord, il vous faut transposer votre grand cercle d'une sphère sur une carte plane. Ce procédé, appelé **projection**, déforme inévitablement votre route. Pour passer d'un globe à un plan, chaque point sur la carte doit être transféré sur la feuille plane. Le moyen traditionnel d'y parvenir est appelé projection de **Mercator**.

C'est le géographe belge Gerardus Mercator qui en eut l'idée au XVIe siècle de la projection qui porte son nom. Son approche consistait à déplier la surface de la Terre sur un cylindre imaginaire de la même largeur que l'équateur. Comme toute projection, elle a des limites remarquables. Certaines projections sont meilleures pour montrer des zones, d'autres pour conserver les formes comme elles apparaissent à la surface du globe.

Projeter le monde

Quand on fait une projection comme celle de Mercator, seul un trajet suivant l'équateur apparaîtra comme une ligne droite, tous les autres grands cercles apparaîtront **courbés** et s'éloignant de la distance la plus courte en « ligne droite ». Donc, un vol entre Paris et New York par exemple, semblera faire un détour en se rapprochant du pôle Nord sur l'écran, plutôt que de prendre ce qui semble être le chemin le plus rapide, et ce afin de réduire la distance.

Cependant, le simple fait de réduire la distance n'est pas la seule chose à prendre en compte pour choisir un itinéraire de vol. Parfois, les routes se détournent d'un grand cercle pour des **raisons politiques ou pratiques**. Il n'est des fois pas recommandable d'entrer dans l'espace aérien d'un certain pays, ou peut-être que le contrôle du **trafic aérien** fait emprunter un couloir spécifique aux avions pour mieux les diriger, réduisant ainsi la capacité du pilote à minimiser la distance.

Nous avons déjà rencontré l'autre facteur qui peut changer la direction prise, il s'agit du courant-jet. Comme nous l'avons vu, quand un avion vole de l'ouest vers l'est, il a des chances de rencontrer des **vents à grande vitesse** qui peuvent augmenter significativement sa vitesse par rapport au sol. Les avions empruntent souvent un chemin, en allant de l'ouest vers l'est, différent de celui qu'ils prendraient dans l'autre sens afin de rester dans le **courant-jet** et d'en profiter au maximum, ce qui réduit la durée du voyage et la consommation de carburant. C'est un petit peu comme prendre l'autoroute, la vitesse supplémentaire compense l'augmentation de la distance.

À la pointe de la technologie

Cette carte sur écran est divertissante à regarder de temps en temps, mais elle ne suffira pas à vous distraire pendant toute la durée du vol. De nos jours, la plupart des avions ont toute une palette de divertissements à bord. Étrangement pour un endroit où règne la **haute technologie**, vous pourriez trouver qu'elle est un peu en retard par rapport à ce que vous utilisez chez vous, ou même sur un smartphone. C'est parce que les avions sont des projets de construction si énormes que lorsqu'ils sont construits, une grande partie de la technologie de pointe utilisée est déjà dépassée.

Quand le **Concorde** volait encore, les gens étaient souvent surpris de voir à quel point le poste de pilotage était primitif. À l'heure des écrans digitaux dans les cockpits, les cadrans et les indicateurs du Concorde étaient tous mécaniques, car il avait été conçu au début des années 1960, bien avant la révolution du numérique. Comme exemple encore plus extrême de retard technologique, vous pouvez regarder la puissance informatique à bord du **programme Apollo**. La technologie informatique, antérieure aux ordinateurs personnels, avait moins de puissance qu'un téléphone moderne basique, sans parler des smartphones et autres appareils dernier cri. L'Apollo Guidance Computer, l'ordinateur de navigation et de pilotage, avait l'équivalent de 4 kilobytes de mémoire.

Même un avion moins révolutionnaire que le Concorde est bien plus long à concevoir et à construire que la technologie de divertissement que vous avez chez vous, ce qui signifie que les **distractions** à bord d'un avion tout neuf auront étonnamment un an de retard. Pensez à quelle vitesse les téléphones ont évolué ces quelques dernières années, et pendant ce temps, la plupart de la technologie du dernier avion est déjà prévue.

Comme au cinéma

Depuis un moment, une technologie en particulier a transformé les divertissements à bord, il s'agit de **l'écran LCD**.

Le LCD est devenu si répandu (il est difficile aujourd'hui d'acheter une télévision ou un écran d'ordinateur qui ne le soit pas) qu'il est difficile de se rappeler que cette technologie n'a été disponible, massivement, pour les écrans qu'à la fin des années 1990.

Les écrans individuels étaient impossibles à installer avant que cette technologie n'apparaisse.

Jusque-là, nos télévisions et nos écrans étaient des **tubes cathodiques** ou CRT pour « *Cathode Ray Tubes* ». C'est une technologie qui date de l'époque victorienne. Une sorte de canon, tout au fond du tube, envoie un flot d'électrons dans le vide qui se trouve à l'intérieur du tube. Ce rayon d'électrons passe entre plusieurs

Figure 26 | Les divertissements à bord intégrés au dos des fauteuils.

électro-aimants. Ils le concentrent et le font bouger horizontalement et verticalement. En se servant du rayon comme d'une sorte de **stylo électronique**, le tube dessine une image sur une série de phosphores qui recouvrent l'écran. Ce sont les petits points de matériau qui brillent succinctement quand ils sont touchés par un électron. Le rayon balaie l'écran si vite qu'une image se forme à partir de ces points.

Le problème, avec le tube cathodique, est que le canon doit être bien éloigné de l'écran pour que les aimants puissent déplacer le rayon d'électrons. C'est pour cela que les vieux écrans de télévision étaient **si volumineux**, et qu'il était impossible d'intégrer un écran dans le dossier d'un siège, ce qui a changé avec le LCD. Les initiales LCD signifient « *Liquid Crystal Display* », ou écran à cristaux liquides, et c'est un instrument de technologie ingénieux qui dépend d'un comportement particulier de la **lumière** que l'on a observé il y a plus de 300 ans !

Le merveilleux cristal de Bartholin

C'est en 1669 que l'expérimentateur, Érasme Bartholin, remarqua qu'un minéral transparent appelé spath d'Islande sépare en deux l'**image** que l'on voit quand on regarde à travers. Si vous prenez un bout du cristal de Bartholin et que vous le placez sur une ligne d'écriture, vous verrez deux lignes qui se séparent lorsque l'**image** traverse le bloc de cristal. Bartholin pensa que cela s'expliquait par l'existence de deux types de lumière, et d'une certaine manière il avait raison. Il n'avait pas réalisé (contrairement à Edwin Land qui a inventé les lunettes de soleil Polaroïd) que chaque photon de lumière a une direction qui lui est associée, à angle droit avec la direction dans laquelle il se déplace, appelée **polarisation**.

Le cristal de Bartholin est une forme cristalline du carbonate de calcium qui est le composant majeur de la craie, du calcaire et du marbre.

La lumière ordinaire, celle qui vient du Soleil par exemple, est faite de photons polarisés dans n'importe quelle direction, soit toute une gamme de possibilités indéfinies. Mais quand la lumière se reflète sur une surface, la plupart des photons seront polarisés dans une **direction précise**. Land a réalisé que s'il fabriquait des lunettes de soleil avec un filtre qui coupe la lumière dans cette direction, elles réduiraient la quantité d'éclats aveuglants réfléchis par la route et par les pare-brises. Land est devenu **millionnaire**, mais son utilisation de la polarisation par des filtres allait être mise à l'ombre par la technologie qui rend ces écrans liquides possibles.

EXPÉRIENCE

POLARISATION ET ORIENTATION

Pour cette expérience, il vous faut une paire de lunettes de soleil Polaroïd à laquelle vous ne tenez pas. Enlevez les verres de la monture. Tenez l'un des verres devant vous et regardez à travers par votre fenêtre. Si le verre est teinté, vous verrez une image assombrie de ce que vous pouviez voir avant. Maintenant, mettez les deux verres l'un contre l'autre, dans le même sens. Regardez à nouveau par la fenêtre. Une fois de plus vous verrez la même chose, mais cette fois encore plus sombre puisque vous regardez à travers deux verres.

Tout en maintenant un verre immobile, faites pivoter l'autre jusqu'à ce qu'il soit à 90° de sa position initiale. À mesure que vous tournez le verre, ce que vous voyez devrait s'assombrir jusqu'à ce que vous ne voyiez plus rien. Tout est noir. Faites encore tourner le verre et l'image commence à réapparaître.

Pour vous faire une idée de ce qui se passe avec les **verres Polaroïd**, imaginez qu'ils ont chacun tout un tas de fentes, disons horizontales. Seuls les photons ayant la **bonne forme** (étirés horizontalement) peuvent traverser (tout comme les blocs dans un trieur de formes pour enfant). Les photons qui sont étirés verticalement ne peuvent pas passer à travers, ils sont éliminés.

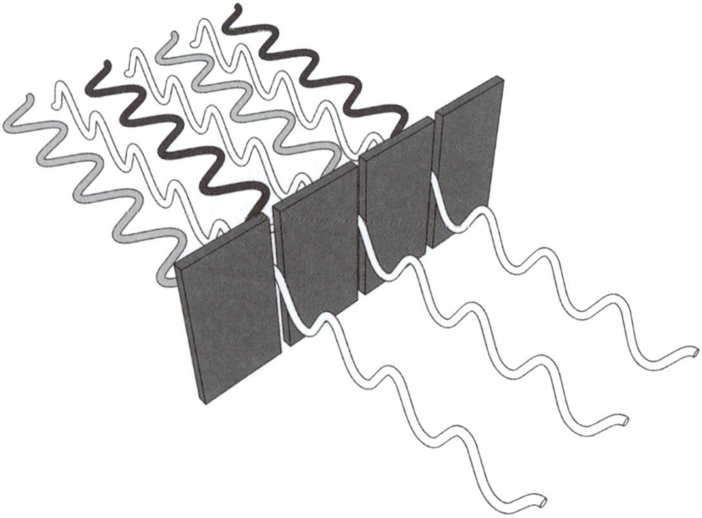

Figure 27 | Un filtre polarisant ne laisse passer que les photons ayant la bonne orientation.

Quand vous pivotez l'un des verres de 90°, ceux qui passent la première rangée de fente ne pourront pas passer la deuxième. Les verres rejettent à la fois la lumière polarisée horizontalement et la lumière polarisée verticalement. Toute la lumière est donc **éliminée**, et vous ne voyez que du noir.

L'orientation des cristaux liquides

Nous avons cependant encore besoin de technologie avant de pouvoir faire des écrans à cristaux liquides. Il nous faut les cristaux liquides eux-mêmes. Il s'agit d'une **substance** qui, comme son nom l'indique, se comporte à la fois comme un liquide et comme un cristal solide. Certains cristaux liquides ont une **propriété intéressante** : quand un courant électrique les parcourt, ils font **pivoter** l'orientation de la lumière qui les traverse de 90°. Nous sommes donc enfin prêts à construire un écran à cristaux liquides.

Voici le tour de passe-passe (littéralement). Imaginez que l'on mette un cristal liquide entre les deux verres Polaroïd à 90° l'un par rapport à l'autre. Au départ, aucune lumière ne passe car les filtres **bloquent** toutes les polarisations. Mais si l'on fait passer de l'électricité dans le cristal liquide, il se met à faire pivoter les photons à 90°, comme la lame d'un tournevis. Si la lumière arrive par l'arrière, les photons polarisés qui passeront à travers les fentes du premier verre, pivoteront à 90° et pourront donc passer par les fentes du deuxième verre. La lumière traversera alors les deux verres.

C'est le **principe** d'un écran LCD. Un panneau lumineux plat à l'arrière émet beaucoup de photons. La lumière qu'il émet passe à travers un premier filtre polarisant, puis par un cristal liquide et enfin par un second filtre à 90°.

Résultat -> pas d'électricité = un écran noir ; de l'électricité = un écran lumineux.

Bien évidemment, c'est plus compliqué que cela. L'écran est constitué de plusieurs cristaux liquides. Il est en fait découpé en plusieurs millions de petits segments qui font les pixels (petits points qui forment une image). Chaque point est séparé en trois parties, une pour le **rouge**, une pour le **bleu** et une pour le **vert**, ce qui permet de construire une image en couleur. C'est le principe de base du fonctionnement de l'écran intégré à un dossier, de celui de votre téléphone, de votre ordinateur ou de votre télévision.

Emmenez vos appareils technologiques avec vous

Il est fort probable que vous ayez dans votre poche un outil technologique plus sophistiqué que n'importe quel écran intégré : un **smartphone**. Ces appareils comprennent à la fois un ordinateur, un clavier ou un écran tactile, souvent un GPS, le Bluetooth, le Wi-Fi, une boussole et encore plus dans une toute petite boîte. Ah, ce sont des téléphones aussi ! Beaucoup de smartphones ont un « **mode avion** » qui coupe les outils de transmission et les transforme en ordinateurs de poche.

Il existe une grande confusion quant aux objets électroniques que vous pouvez ou pas utiliser à bord, et on ne sait pas non plus si l'interdiction est vraiment justifiée. Cette confusion vient en partie d'une absence de **normes internationales**. Les compagnies aériennes font à peu près ce qu'elles veulent. Même si certains passagers sont agacés d'être limités dans l'utilisation de leur appareil, il est probablement préférable de prendre des précautions. Les inquiétudes quant aux interactions de différents objets électroniques à bord ne reposent sur aucune **preuve**, mais il est difficile d'imaginer que ce que vous avez à faire avec votre téléphone ou votre ordinateur pendant le décollage est plus important que la mise en danger éventuelle de l'avion.

Le problème est que les avions modernes dépendent énormément d'outils électroniques sensibles, bien plus qu'il y a 40 ans. En principe, le signal radio d'un téléphone, ou les interférences radio émises par d'autres objets électroniques comme les ordinateurs portables, pourraient **interférer** avec ces outils, même s'il n'y a que peu de preuves de l'existence d'un danger comme par exemple dans l'interdiction d'utiliser son téléphone à proximité d'une pompe à essence.

L'utilisation de tous les appareils électroniques peut très bien rester interdite lors de moments délicats comme le **décollage** et l'**atterrissage**. La plupart des compagnies aériennes autorisent les ordinateurs portables, les téléphones en mode avion, les livres électroniques et autres appareils à différents moments du vol, mais il y a du bon à faire autre chose que jouer avec des gadgets pendant votre voyage (pendant lequel, de toute façon, votre cerveau fonctionnera moins bien en raison de la faible pression atmosphérique).

La vue depuis le poste de pilotage

Il fut un temps où l'un des moyens habituels de passer le temps pendant le vol, particulièrement si vous aviez des enfants, était d'aller faire un tour dans le poste de pilotage : le **cockpit**. Cet endroit n'est plus accessible maintenant, mais il était un lieu privilégié pour observer certains aspects de la science en vol. La vue est tellement plus belle depuis le cockpit. En plus d'avoir une vue **panoramique** plutôt que celle d'un hublot allongé, les fenêtres du poste de pilotage n'ont pas de couche de plastique à l'intérieur pour les protéger des dégâts causés par les passagers. C'est ce plastique qui rend la vue floue et moins impressionnante, celle du cockpit est étonnamment claire et souvent sensationnelle.

Figure 28 | Le poste de pilotage d'un avion.

Les commandes et les instruments électroniques se situent principalement à l'avant de l'avion. Il est difficile de ne pas ressentir une sorte de fascination devant l'un des outils technologiques que l'on trouve sur le tableau de bord de tous les avions de ligne : le **pilote automatique**, qui est obligatoire pour éviter la fatigue de l'équipage sur les longs vols.

Une vieille blague circule parmi les pilotes de ligne qui dit que bientôt l'équipage sera remplacé par un pilote et un chien. Le pilote sera là pour prendre les commandes si quelque chose se passe mal, et le chien pour mordre le pilote s'il essaye de piloter l'avion quand tout va bien.

Un pilote automatique moderne est essentiellement un ordinateur dédié, programmé pour **relever les mesures** des instruments et **guider** l'avion sur un chemin préprogrammé qui peut contenir des virages, des changements d'altitude et bien plus encore. Presque la totalité d'un vol standard peut être faite sous pilote automatique.

Beaucoup d'informations sur la position de l'avion sont données par les satellites GPS, mais le pilote automatique se sert aussi des informations du système de navigation inertielle.

Suivre le guidage de l'inertie

Le mot-clé de ce système qui permet à l'avion de repérer où il va sans se référer à une source extérieure comme un GPS, est l'inertie. C'est une notion de la physique du mouvement qui est à l'origine de beaucoup de confusions. Imaginez un objet lourd posé sur une patinoire. Disons un **éléphant**. Vous portez des chaussures spéciales qui vous donnent beaucoup d'adhérence sur la glace. Bien que la glace enlève la plupart du frottement qui vous empêche de déplacer l'éléphant, vous devez encore déployer de nombreux efforts pour réussir à le faire bouger. Une fois qu'il bouge, vous ne pouvez pas l'arrêter sans effort, quelque chose semble continuer à pousser l'éléphant que l'on appelle l'**inertie.**

Ce qui est intéressant avec l'inertie, c'est qu'elle dépend de la **masse** d'un objet et non de son poids. On a tendance à utiliser « masse » et « poids » indifféremment, mais ce n'est pourtant pas pareil. La masse d'un objet est une propriété inhérente à cet objet, qui **ne changera pas** que l'on soit sur la surface de la Terre, sur la Lune, ou dans l'espace. La masse décrit la quantité de force qu'il faut pour donner à cet objet une certaine accélération. Plus la masse est grande, plus il faudra de force.

Le **poids**, en revanche, reflète l'effet de la gravité. Votre poids sera donc **six fois** plus grand sur Terre que sur la Lune, et il peut être nul dans l'espace. Il se trouve que la masse d'un objet sur Terre est **la même** que son poids. Ce n'est pas une coïncidence puisque les unités de masse ont été définies pour qu'elles soient les mêmes sur Terre où elles sont pesées.

Comme l'inertie est un produit de la masse de l'objet, elle reste la même dans l'espace ou à la surface de la Terre. Il est aussi difficile d'arrêter un camion se déplaçant à 80 km/h dans l'espace, que s'il avançait à 80 km/h en roue libre sur Terre. En fait, c'est plus compliqué dans l'espace parce que vous ne pouvez pas prendre d'appui pour pousser. Sans cela, peu importe votre force, vous ne pourrez pas arrêter le camion. Dans l'espace, même un **super-héros** ne pourrait pas arrêter une météorite ou un astéroïde sans appui !

Une autre raison pour laquelle l'inertie sème la confusion est que ce n'est pas **une force** à proprement parler. La seconde loi de Newton (voir partie 2) nous prédit que pour accélérer ou décélérer une masse donnée, il faut appliquer une force égale à la masse de l'objet multipliée par l'accélération désirée. C'est le besoin d'appliquer cette force qui fournit l'inertie, rien ne jaillit miraculeusement de nulle part.

Suivre votre chemin dans les airs

Alors comment l'inertie permet-elle à un système de navigation de suivre un avion ? Un système de navigation inertielle commence par établir la position et la vitesse actuelle, généralement à l'aide d'un **GPS**. Ensuite, il mesure le taux d'accélération et de décélération de l'avion, ainsi que toute accélération angulaire (celle des virages) afin de continuer à suivre la position de l'avion depuis son point de départ. L'avantage de cette technique est que ces **mesures** peuvent être faites même si la communication radio est indisponible et que l'avion est isolé des GPS et des balises de navigation. Le système de navigation inertielle continue de repérer la position avec précision en dépit des problèmes de communication.

Trouver les valeurs de ces deux types d'accélération nécessite plusieurs instruments. Pour l'accélération en ligne droite, on utilise un **accéléromètre**. Cet outil est devenu courant dans l'équipement sensitif des téléphones portables sophistiqués et des manettes de jeu. Quand une manette de Wii enregistre un mouvement, ou qu'un smartphone repère comment il est incliné et tourné, c'est un accéléromètre qui est en action.

L'accéléromètre repose exactement sur le même principe que celui qui a inspiré à Einstein sa seconde grande théorie, **la théorie générale de la relativité**. Nous avons déjà rencontré la relativité restreinte : quand un objet va plus vite, il devient plus lourd, plus petit, et le temps ralentit pour lui. La relativité générale est la théorie qui explique la gravité et fait accélérer les horloges des satellites GPS. En effet, plus la gravité est grande plus le temps ralentit, et moins les satellites ressentent l'attraction terrestre.

La révélation de l'accélération d'Einstein

Le principe fondamental de la relativité générale est venu à Einstein alors qu'il rêvassait pendant qu'il travaillait à l'Office des brevets de Berne. Il réalisa soudainement qu'une personne en **chute libre** ne ressent pas son propre poids. Vous avez peut-être vu cela arriver dans une vidéo de vol parabolique où un avion plonge intentionnellement pour que les passagers soit un bref instant à zéro g. Pour un exemple plus long, regardez une vidéo de quelqu'un en orbite, par exemple dans la station spatiale internationale. Ils flottent en **apesanteur** dans l'espace.

Vous pourriez penser que ce n'est pas un très bon exemple car la station spatiale n'est pas en chute libre, mais en réalité elle l'est. Un objet en orbite autour de la Terre est en **chute libre permanente** et il se trouve juste qu'il évite à tous moments la Terre. L'attraction gravitationnelle de la Terre est moindre à 300 ou 400 kilomètres d'altitude, mais elle n'est certainement pas nulle. Si elle l'était, la Lune, qui est bien plus loin que cela, ne resterait pas en orbite. Cependant, un satellite en orbite comme la station spatiale, effectue un **balancement**

intelligent. Il tombe en chute libre vers la Terre et en même temps il se déplace sur le côté, suivant une tangente à la Terre, assez vite pour toujours l'éviter. Si il se déplaçait plus rapidement, le satellite sortirait de son l'orbite et s'envolerait. S'il allait moins vite, il plongerait vers le sol. Heureusement, à la bonne vitesse (la vitesse orbitale), il reste en **rotation permanente** autour de la planète.

EXPÉRIENCE

LE SIMULATEUR ORBITAL

Pour cette expérience, il vous faudra des écouteurs. Si vous n'en avez pas, un petit objet avec un faible poids attaché au bout d'une ficelle fera l'affaire. Tenez le fil de façon à ce que les écouteurs soient à deux longueurs de main de celle-ci. Faites tourner le fil afin que les écouteurs décrivent un cercle.

Les écouteurs représentent ainsi la station spatiale et nous avons juste rendu l'attraction gravitationnelle visible sous la forme d'un fil. Les écouteurs veulent partir en ligne droite à 90° du fil mais la force vers le centre au bout du fil (la gravité) les empêche de suivre leur ligne droite et les garde en orbite. Remarquez qu'il n'y a rien qui les tire vers l'extérieur (la prétendue force centrifuge). La force, que l'on appelle force centripète, va vers l'intérieur pour les empêcher de s'envoler en ligne droite.

Ce qu'Einstein a réalisé en réfléchissant à la gravité dans son fauteuil de bureau, est que l'accélération, qui est de plus en plus rapide à mesure que l'on tombe, et l'effet de se trouver sous l'influence de la gravité sont absolument équivalents. Ce « principe d'équivalence » fonctionne dans les deux sens. Être sous l'influence de la gravité a le même effet que l'accélération, et l'accélération a le même effet que la gravité. D'après la relativité générale d'Einstein, la gravité **va courber un rayon lumineux**. Imaginez que l'on envoie un rayon de lumière à travers une fusée depuis l'extérieur.

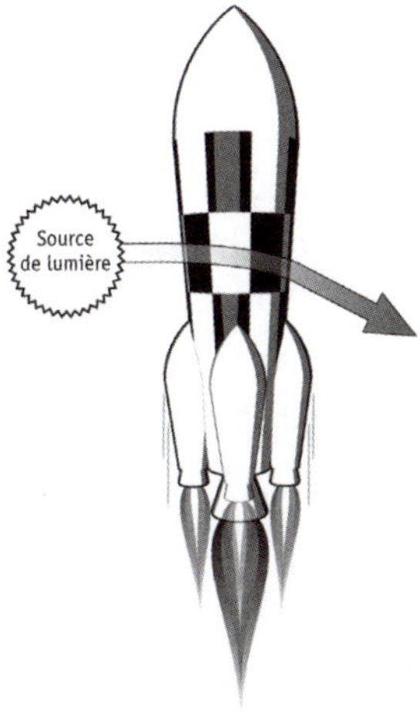

Figure 29 | Vu de l'intérieur d'une fusée, la lumière se courbe.

Quand le rayon traverse l'intérieur de la fusée, les murs de celle-ci subissent une accélération vers le haut, donc le rayon frappera le côté opposé de la fusée un petit peu plus bas que si elle ne bougeait pas. Vu de l'intérieur de la fusée, le rayon lumineux se courbe. Mais si l'accélération a cet effet-là, alors d'après Einstein, la gravité devrait en faire de même.

La seule explication qu'Einstein a pu trouver est que la gravité courbe l'espace lui-même. En fait, il a déduit que la gravité est une **déformation de l'espace**, provoquée par des objets ayant une masse qui produit les effets de la gravité. Pour un accéléromètre, le **principe d'équivalence** signifie que si vous mesurez un changement dans l'attraction gravitationnelle, alors celui-ci est probablement dû à une accélération. Il est possible qu'un autre corps de la taille de la Terre soit soudainement apparu dans le ciel et qu'il soit à l'origine du changement d'attraction gravitationnelle mais il est plus probable qu'il s'agisse d'une accélération...

Dans sa version la plus simple, vous pouvez voir un accéléromètre comme un poids suspendu à un **ressort** que vous tenez dans votre main. Si vous bougez subitement votre main vers le haut ou vers le bas, le ressort s'étirera un peu plus ou un peu moins et donnera l'impression que le poids a changé. Ce changement au niveau du ressort mesure l'accélération. En pratique, les **accéléromètres** utilisent souvent un procédé plus sophistiqué qu'un ressort pour mesurer les effets de la gravité. Ils se servent d'un appareil qui change de propriétés électriques quand il est étiré ou tordu. Ils agissent comme le ressort sauf qu'ils ne se balancent pas quand l'appareil bouge et qu'ils produisent un courant électrique qui change et qui permet de mesurer l'accélération.

La force faible

La gravité n'est que l'une des **quatre forces** qui permettent de maintenir l'Univers en place. Deux de ces forces, les forces nucléaires faible et forte, n'agissent qu'à l'échelle atomique et sont respectivement responsables de la fusion nucléaire et de la cohésion du noyau dans l'atome. En dehors de la gravité que nous avons déjà observée, il ne reste qu'une force, celle électromagnétique, que nous avons vu attirer des bouts de papier sur un stylo chargé en électricité statique. Elle est également responsable de l'attraction des aimants et de toutes les interactions courantes entre les objets physiques, comme quand vous vous asseyez sur votre fauteuil et qu'il vous tient.

Nous avons l'habitude de penser que la gravité est une force puissante. Après tout, elle maintient la Terre en place dans son orbite autour du Soleil ainsi que les objets au sol. Mais en réalité, la gravité est très faible. Rendez-vous compte, en ne vous servant que des muscles de vos jambes, vous pouvez sauter et **échapper** à son attraction. De façon encore plus impressionnante, vous avez soulevé un bout de papier grâce à la force électromagnétique d'un stylo ou d'un peigne chargé en électricité statique. La Terre entière tirait le papier vers le bas, et il a suffi de cette petite quantité d'électromagnétisme pour **vaincre la gravité** et le soulever.

Les girations gyroscopiques

L'accéléromètre mesure donc le taux de changement de vitesse en ligne droite. Pour mesurer l'accélération dans les torsions et les virages, on utilise généralement un gyroscope. Ces appareils fascinants, souvent utilisés dans les jouets pour enfants, consistent généralement en un disque qui tourne très vite dans un cadre, construit de manière à ce qu'il puisse tourner dans tous les sens à l'intérieur de celui-ci. La forme la plus simple de gyroscope n'est autre que **la toupie**. Quand le disque du gyroscope ou le corps de la toupie tourne vite, il apparait un **moment cinétique** considérable (c'est ce qui permet à la rotation de continuer) qui est conservé. Il vous faudra agir pour le faire disparaître.

Nous avons déjà observé cette conservation en action quand l'eau prend un virage dans une rivière. La conservation du moment cinétique est également la raison pour laquelle un patineur tourne plus vite quand il ramène ses bras vers lui. Le moment cinétique dépend à la fois de la masse de l'objet et de la distance entre la masse et le centre de l'objet, et donc en ramenant la masse plus près du centre, le patineur tourne plus vite.

Dans le cas d'un **gyroscope**, quand le disque a un moment cinétique important dû à une rotation très rapide, il résiste à toute tentative de changement d'orientation car cela modifierait le moment cinétique. Donc quand le disque est monté dans des cadrans qui lui permettent de se balancer librement en trois dimensions, quand vous tournez l'objet auquel les cadrans sont attachés, dans notre cas un avion, le disque conserve son orientation alors que l'avion tourne autour de lui. En mesurant le changement d'orientation du disque, on peut **surveiller** l'accélération latérale et suivre la trajectoire du vol de l'avion.

La vue au loin et le retour sur Terre

Voir les sommets des montagnes au loin

Que ce soit avec le contrôle du pilote automatique ou de l'être humain, la vue à l'avant de l'appareil est souvent sensationnelle, et on ne peut apprécier pleinement la splendeur des montagnes vues du ciel que depuis le cockpit. Il est étrange de penser que l'idée de « **beauté naturelle** » n'existait pas réellement avant le XIXe siècle. Avant cela, les paysages sauvages n'étaient vus que comme tels, sauvages et ayant besoin d'être apprivoisés. On ne se rendait pas compte qu'il y avait des paysages qui valent la peine d'être admirés. Pourtant, maintenant, il y a peu de choses plus émouvantes que la vue d'une chaîne de montagnes étincelante sous les rayons du Soleil, et l'on ne peut vraiment en apprécier la grandeur que depuis le ciel.

Figure 30 | Les sommets enneigés d'une montagne, l'Himalaya au Tibet.

La différence entre une **montagne** et une colline est totalement arbitraire. Il n'y a pas de distinction physique entre les deux, ce qui donne parfois lieu à de féroces disputes quant à la dénomination d'un magnifique site local. La définition internationale de la montagne fournit toute une gamme de valeurs permettant de faire la distinction, en fonction de la hauteur, de la hauteur par rapport au sol local et de l'angle de la pente, et reconnaît qu'une montagne doit être plus abrupte qu'une **colline**.

Selon cette approche, pour être considéré comme une montagne, un affleurement doit dépasser les 300 mètres au-dessus de l'altitude locale (ce que l'on considère comme le niveau du sol dans cette zone) ou plus de 1 000 mètres au-dessus du **niveau de la mer** avec une pente de plus de 5°, ou plus de 1 500 mètres avec une pente de plus de 2°... ou alors plus de 2 500 mètres au-dessus du niveau de la mer, peu importe l'inclinaison de la pente ou l'altitude du sol local. Aux États-Unis, la convention est qu'une montagne doit être à 304,8 mètres au-dessus du sol local, tandis qu'au Royaume-Uni, on ne tient pas compte de **l'altitude locale**, et tout ce qui est à plus de 609,6 mètres au-dessus du niveau de la mer obtient le statut de montagne. Cela montre à quel point la définition d'une montagne est arbitraire, en Grande-Bretagne, là où la plus haute montagne, le Ben Nevis, ne fait que 1 344 mètres de haut…

ANECDOTES

Avec des techniques de plus en plus précises qui mesurent la hauteur, on obtient toujours des collines qui se métamorphosent en montagnes et vice versa. En 2008 par exemple, ce qui n'est pas sans rappeler l'histoire du film L'Anglais qui gravit une colline mais descendit une montagne, *la colline galloise Mynydd Graig Goch que l'on pensait culminer à 608,9 mètres, a été mesurée à l'aide de GPS comme faisant en réalité, 609,7 mètres, et a été élevée au statut de montagne.*

Aussi vieux que les collines

Les montagnes et les collines peuvent être formées par **l'activité volcanique**, quand une éruption fait sortir la lave en fusion du sol et l'accumule pour créer une structure typique en forme de cône (comme le Mont Fuji au Japon), mais beaucoup proviennent de la collision entre des **plaques tectoniques**. La surface de la Terre repose sur plusieurs grandes plaques de roche qui flottent au-dessus de matériaux en fusion. Ces plaques se déplacent très progressivement, et quand deux d'entre-elles vont l'une vers l'autre, la surface se déforme graduellement et est poussée vers le haut, ce qui crée une **chaîne de montagne**.

Si vous survolez des montagnes grandes comme les **Alpes** ou plus, vous verrez des sommets enneigés tout au long de l'année, même en plein été. Cela peut paraître étrange car la plupart de la chaleur de la Terre vient du Soleil, et plus vous vous rapprochez du sommet d'une montagne et plus vous êtes proche du Soleil. Vous pourriez donc vous attendre à ce qu'il fasse plus chaud. Il n'y a aucun doute sur le fait que les **rayons du Soleil** soient intenses au sommet d'une montagne, c'est pourquoi il faut mettre une crème solaire d'indice élevé même s'il fait un froid glacial. Alors pourquoi fait-il si froid là-haut ? C'est de la responsabilité de notre vieil ami l'effet de serre.

Là-haut sur la montagne

Nous avons déjà vu ce qu'est **l'effet de serre**. Il agit comme une couverture et conserve la chaleur qui essaye de s'enfuir de la surface de la planète. Il n'est pas surprenant que plus l'atmosphère est épaisse, et plus l'effet est important. Quand vous atteignez 3 600 mètres d'altitude, à peu près la hauteur des montagnes alpines comme la Jungfrau, l'air est considérablement plus rare qu'au niveau de la mer. Il est sensiblement plus **difficile de respirer**. Cette couverture d'air qui garde la Terre au chaud s'amincit quand on s'élève, et c'est pourquoi vous verrez ses sommets enneigés.

La température chute environ de 5 à 6 °C tous les 1 000 mètres.

Admettons qu'il fasse une température agréable de 20 °C au niveau de la mer, il vous suffit de monter à environ 3 600 mètres pour atteindre les 0 °C. Il n'est pas surprenant que les nuages soient souvent composés de **cristaux de glace**. Si vous volez à 9 000 mètres d'altitude, au-dessus d'une zone avec la même température au sol, il fera environ – 30 °C à l'extérieur de l'avion. Cette chute de température s'arrête souvent vers cette altitude, là où l'on trouve les inversions de température qui permettent les courant-jets, mais en ce qui concerne les montagnes, la règle est plutôt constante.

Le glaçage des montagnes

Dans les zones de montagne où la neige peut s'accumuler, la pression ainsi que les fontes et les gelées à répétition peuvent transformer les accumulations de neige en **glacier**. Il s'agit d'un grand volume de glace qui descend généralement la pente doucement sous l'effet de son propre poids. Les glaciers se détachent souvent de la neige qui les entoure en prenant une teinte bleue. Ce n'est pas parce que l'eau qui les constitue est différente de celle de la neige mais cela est simplement dû au fait que la glace du glacier est plus **transparente** que la neige, et laisse donc plus passer la lumière. Tout comme l'eau, la glace absorbe plus de lumière rouge que d'autres couleurs et donne une teinte bleue à la lumière qui la traverse.

Au pied du glacier, la glace peut tomber dans la mer et donner naissance à un iceberg, ou bien fondre et alimenter les torrents des montagnes. Cette eau de fonte est essentielle à l'approvisionnement en eau douce de certains pays d'Asie, les glaciers représentant la majorité de **l'eau douce** sur Terre qui n'est pas évaporée.

On pense souvent que les montagnes sont très **anciennes** et qu'elles ont presque toujours fait partie du paysage de la Terre, mais certaines sont relativement récentes. Si l'on pense à l'échelle d'une vie humaine de 70 ans, ou celle de l'existence de l'Homo sapiens de

100 000 ans, alors oui, les montagnes sont vieilles. Mais comparées à **l'âge de la planète** qui est de 4,5 milliards d'années, certaines chaînes de montagnes sont presque des enfants qui viennent à peine de naître.

Prenez l'**Himalaya**, notre plus haute chaîne de montagne émergée. Il y a environ 50 millions d'années, la plaque tectonique sur laquelle se trouve l'Inde est rentrée en collision avec la plaque asiatique. Au cours de celle-ci, une nouvelle chaîne de montagne s'est élevée dans le ciel jusqu'à dépasser les 3 000 mètres au-dessus du niveau de la mer. Cette **chaîne** était assez haute pour interférer avec le courant-jet, ce qui a créé un changement climatique important.

L'âge de l'Himalaya représente seulement 1 % de la vie de la Terre.

L'intrusion de ces montagnes a augmenté les précipitations dans cette zone, et ces **pluies de mousson** ont réagi avec le dioxyde de carbone présent dans l'atmosphère. L'acide formé par le dioxyde de carbone et l'eau a dissout la surface des roches au sol, formant ainsi des composés à base de carbonate stables qui ont enfermé le dioxyde de carbone et l'ont empêché de retourner dans l'atmosphère. Contrairement à notre problème actuel de réchauffement climatique, les températures ont commencé à chuter. La formation de l'Himalaya a déclenché une série de **périodes glaciaires** qui ont transformé le monde.

Prendre le virage avec un siphon

Si vous vous êtes rendu au poste de pilotage, ou que vous avez juste fait un petit tour pour vous dégourdir les jambes, vous pouvez faire un arrêt **aux toilettes** avant de regagner votre siège. Les toilettes d'un avion sont généralement petites et ont une technologie considérablement différente de celle des toilettes que vous avez chez vous. Toutes les toilettes sont confrontées au problème de devoir évacuer un mélange de matière liquide et solide par un tube. Chez vous, cela se produit généralement à l'aide d'un **siphon**.

Les siphons démontrent quelques notions de base en physique de la pression de l'air qui peuvent sembler presque magiques.

EXPÉRIENCE

LA SURPRISE DU SIPHON

Vous feriez mieux d'attendre d'être chez vous pour tenter celle-ci. Vous aurez besoin de deux verres et d'une paille flexible. Remplissez un verre d'eau presque jusqu'au bord. Maintenant, aspirez l'eau dans la paille jusqu'à ce qu'elle soit pleine de liquide. Tout en continuant d'aspirer (cela peut s'avérer délicat), bouchez le haut de la paille avec votre doigt (ou si c'est plus facile, vous pouvez également boucher le bas de la paille avec votre doigt, la remplir d'eau, mettre votre doigt sur le haut de la paille, puis enlever votre doigt du bas). Vous devriez alors pouvoir soulever la paille, l'eau restera dedans en dépit du fait que le bas ne soit pas bouché, et ce jusqu'à ce que vous retiriez votre doigt du haut de la paille, et l'eau retombera alors dans le verre.

Maintenant, tenez le verre plein en l'air, plongez la partie la plus courte de la paille flexible dans l'eau en l'appuyant sur le bord du verre, laissez la partie longue en dehors et placez l'embouchure au-dessus d'un second verre. Aspirez l'eau dans la paille jusqu'à ce qu'elle soit pleine, puis retirez votre bouche. L'eau va continuer de s'écouler dans la paille et aller du premier verre au deuxième jusqu'à ce que la paille ne trempe plus dans l'eau. Vous avez construit un siphon.

On remarque deux phénomènes intéressants quand vous faites l'expérience ci-dessus. Le premier montre que l'eau reste dans la paille quand vous bouchez le haut avec votre doigt alors que la paille est ouverte en bas. Le second permet de voir que l'eau remonte dans la paille flexible pour aller dans le deuxième verre sans qu'il y ait besoin d'une pompe pour l'acheminer après que vous ayez lancé le mouvement.

La première partie de l'expérience démontre la force de la **pression atmosphérique**. On ne remarque généralement pas la pression de l'air autour de nous car elle est toujours là, mais elle peut accomplir des choses remarquables. Comme toujours, quand on parle de mouvement, il nous faut suivre Newton et nous demander quelles sont les forces en action. Dans la paille bouchée en haut, si on ignore le frottement qui est assez limité ici, il n'y a que deux « sources » de **forces significatives** : la pression de l'air et la gravité. La gravité tire l'eau vers le bas, c'est facile. Il n'y a pas de pression de l'air en haut de la paille puisque votre doigt empêche l'air d'y entrer. Mais le bas est accessible à l'air, et il peut donc y appliquer toute sa pression.

PHYSIQUE

Nous pouvons faire un rapide calcul pour comprendre pourquoi la pression atmosphérique gagne. Une paille remplie d'eau contient généralement environ 3,3 millilitres, ce qui représente 3,3 grammes, soit 0,0033 kilogrammes. Comme la seconde loi de Newton nous l'a montré, la force est égale à la masse multipliée par l'accélération. Nous avons donc ici la masse de l'eau sur laquelle agit l'accélération due à la gravité qui est d'environ 9,81 mètres par seconde. La force exercée vers le bas par le poids de l'eau est donc de 0,0324 kilogrammes mètre par seconde, plus communément nommé 0,0324 newtons, l'unité de force qui doit son nom au grand homme.

La pression de l'air agit vers le haut. Au niveau de la mer, elle est d'environ 101,325 newtons par mètre carré, soit 0,101325 newtons par millimètre carré. Elle agit sur la section transversale de la paille que l'on assimile à un disque d'environ 3 millimètres de diamètre. En calculant l'aire avec la formule πr^2 *(r étant le rayon du disque), on obtient à peu près 28,27 millimètres carrés. Ce qui nous donne une force vers le haut sur l'eau de* $28{,}27 \times 0{,}101325 = 2{,}86$ *newtons.*

La pression de l'air est donc 88 fois plus forte, et l'eau restera en place tant qu'il n'y aura que la gravité et la pression de l'air en jeu.

Quand vous faites s'écouler l'eau d'un verre à l'autre par la paille, vous avez construit un siphon. En faisant cela, vous **changez l'équilibre** des forces. Comme auparavant, il y a la gravité qui tire vers le bas et la pression atmosphérique qui pousse vers le haut, en bas de la paille, mais cette fois-ci le haut de la paille n'est pas bouché. Ce qui veut dire que l'eau, à l'intérieur de la paille, ressent une partie de la pression exercée par l'air qui appuie sur l'eau du verre que vous tenez en l'air.

L'eau qui est dans la paille commence à couler. Pour interrompre cela, il faudrait que la pression soit inférieure à la pression exercée par l'air sur le dessus du verre qui alimente la paille. Les effets conjugués de la gravité et de la pression atmosphérique forcent l'eau à passer le coude de la paille et à descendre jusqu'à son extrémité. Ce qui continuera tant que la partie la plus courte de la paille sera immergée dans le verre.

Dans les **toilettes traditionnelles**, il y a un virage en S à l'arrière qui agit comme le coude de la paille. Quand vous tirez la chasse, un torrent d'eau arrive dans la cuvette et la siphonne. Son contenu sera alors aspiré, passera le virage et s'en ira dans les canalisations. Une telle approche n'est pas idéale pour des toilettes d'avion : d'une part car elle nécessite une grande quantité d'eau (du poids en plus, ce qui n'est pas favorable économiquement dans le milieu de l'aviation) et d'autre part plus il y a de liquide, plus les chances qu'il y ait des fuites sont grandes, ce qui augmente la probabilité d'avoir des problèmes techniques.

La solution de l'aspiration

Les anciennes toilettes d'avion étaient similaires aux toilettes chimiques utilisées dans les festivals. Une quantité relativement faible de produits chimiques généralement bleus était assistée par une pompe électrique. Cependant, comme n'importe qui ayant assisté à un festival le sait, ce type de toilettes a tendance à sentir mauvais, à se boucher facilement, et nécessite un réservoir de produits chimiques avec le risque de fuites que cela implique. C'est pour cela que les avions modernes ont des toilettes à aspiration. Quand la chasse est tirée, **le vide** est fait dans une chambre derrière la cuvette. Après quelques secondes, et avec un bruit distinctif, la séparation est ouverte, la pression dans les toilettes diminue, et **le contenu** de la cuvette est aspiré tout comme la poussière l'est par un aspirateur.

De temps à autre, des rumeurs circulent sur des passagers qui auraient été collés au siège par le système d'aspiration. Le corps de la passagère (voir ci-contre) était si bien fixé au siège qu'il a fallu l'intervention des techniciens de l'aéroport pour la libérer ». D'après le rapport, la passagère est restée collée à la cuvette du Boeing 767 pendant plus de deux heures avant que l'avion n'atterrisse et que l'équipage puisse appeler des techniciens pour **la libérer**. Le récit citait même une porte-parole de SAS qui disait que la passagère serait indemnisée pour sa mésaventure. « Elle est restée coincée là pendant un long moment », commenta la porte-parole.

En 2002, BBC News a rapporté l'histoire d'une passagère américaine qui avait utilisé les toilettes lors d'un vol transatlantique sur la compagnie SAS et qui a tiré la chasse avant de se lever. BBC claironna « qu'à son horreur, elle réalisa que le puissant aspirateur la tenait dans sa poigne ».

Il s'avéra plus tard, après examen de la SAS, que toute cette histoire était **fausse**. Il n'y avait aucune trace d'un tel incident, mais ce genre d'histoires était raconté lors de la formation des équipages pour s'assurer qu'ils vérifient les toilettes, et leur indiquer la marche à suivre. L'incident n'a jamais eu lieu. Il est pratiquement **impossible** que cela se produise car le bouton de la chasse d'eau se trouve généralement derrière le couvercle, ce qui vous oblige à être relativement éloigné de la cuvette pour pouvoir l'utiliser. Et si c'était possible, il est peu probable que l'ouverture soit suffisamment scellée pour piéger quelqu'un bien longtemps, d'autant plus que le système d'aspiration s'arrête après quelques secondes mais il y a un risque réel de blessures internes, il ne faut donc en aucun cas tenter l'expérience.

À la rencontre du ciel nocturne

De retour à votre siège, il se peut que la nuit tombe, ou peut-être même que vous avez décollé de nuit. On pourrait penser que voler dans l'**obscurité** réduit les chances de voir la science en action depuis votre siège, mais en réalité cela ouvre beaucoup de nouvelles perspectives.

Au-dessus des nuages, le ciel nocturne est toujours clair, et vous n'aurez pas à subir la pollution lumineuse urbaine causée par les lampadaires. Seule la mauvaise qualité de la vitre vous sépare de la vue d'un magnifique ciel nocturne. Un peu plus tôt, entre le crépuscule et l'obscurité, vous verrez peut-être une étoile très lumineuse, près de l'horizon. C'est très probablement **Vénus**, la planète que l'on a longtemps considérée comme étant la plus similaire à la Terre.

Une vue de Vénus

Il est vrai que la taille de Vénus est similaire à celle de la Terre, et bien qu'elle soit significativement plus proche du Soleil que nous, on a longtemps pensé que sa couverture nuageuse rendait sa surface habitable. Le **choc** en fut d'autant plus grand lorsque les premières sondes ont atteint Vénus et ont été instantanément détruites par la température à la surface digne des feux de l'enfer, 480 °C en moyenne. Et comme si cela n'était pas suffisant, **l'atmosphère**, qui n'est composée presque que de dioxyde de carbone, est bien plus lourde que la nôtre, et la pression au sol est 90 fois plus grande que celle de la Terre.

ANECDOTES

On ne peut voir Vénus qu'à l'aube et au crépuscule, ce qui lui a valu d'être surnommée « l'étoile du soir ». Comme elle est plus proche du Soleil que la Terre, elle apparaît donc toujours près du Soleil dans le ciel. Elle n'est généralement pas assez brillante pour être vue de jour (quoique l'on puisse parfois la distinguer), ainsi on l'observe souvent bas dans le ciel tandis qu'elle suit le Soleil couchant.

Bien que l'on ne soit pas en mesure de l'observer à l'œil nu, de simples jumelles vous permettront de voir que Vénus (tout comme la Lune et pour les même raisons que nous aborderons) présente **plusieurs phases**, et apparaîtra donc parfois comme un cercle complet ou un simple croissant. Vénus est la plus brillante des planètes, devant Jupiter et Mars qui sont toutes deux à l'extérieur de notre orbite, et n'ont donc pas à rester près du Soleil. Si vous voyez une autre « étoile » particulièrement brillante, ce sera sûrement l'une de ces deux-là, **Mars** se distinguant par sa teinte rouge.

Il n'y a visuellement pas de grande différence entre ces planètes et les étoiles, si ce n'est que les étoiles scintillent davantage, et que les **planètes** sont sensiblement plus brillantes. Les planètes scintillent moins car elles sont bien plus proches et sont donc une source lumineuse plus importante. Elles subissent donc moins l'influence des poussières et des ondulations dues à la chaleur présente dans l'atmosphère. Dans l'absolu, elles sont moins

Les planètes ne brillent que parce qu'elles reflètent la lumière du Soleil, alors que les étoiles sont elles-mêmes des Soleil mais elles sont si lointaines qu'elles nous paraissent briller faiblement.

Une année-lumière est une unité de mesure de distance et non de temps. Il s'agit de la distance parcourue par la lumière en un an.

que les étoiles. L'étoile la plus proche se trouve à environ quatre années-lumière de nous. Sachant que la lumière se déplace à 300 000 km/s, cette étoile, **Proxima du Centaure**, se trouve donc à environ 9 500 milliards de kilomètres de la Terre.

La merveilleuse Lune

La Lune est bien évidemment ce qu'il y a de plus lumineux dans le ciel nocturne. Ce n'est qu'une pure coïncidence si notre **satellite naturel** semble faire quasiment la même taille que le Soleil. En effet, même si la Lune est 400 fois plus petite que le Soleil, elle est aussi 400 fois plus proche de nous. On peut voir à quel point leurs tailles semblent **similaires** lors d'une éclipse solaire, quand la Lune se met entre la Terre et le Soleil. Selon la distance entre la Terre et

Figure 31 | Lors d'une éclipse solaire annulaire, on peut observer un anneau de lumière autour de la Lune.

le Soleil, qui varie pendant que notre planète parcourt son orbite, la Lune pourra parfois recouvrir complètement le Soleil. Quelquefois, elle laissera passer un anneau de lumière autour d'elle dans le cas d'une **éclipse annulaire**. Si on est alors à la bonne distance, les deux astres sembleront être de la même taille.

Cette similarité due au hasard changera avec le temps, l'orbite de la Lune devenant de plus en plus large, elle paraîtra de plus en plus petite. En fait, l'effet gravitationnel de la Lune ralentit la Terre. Comme le moment cinétique d'un système est conservé (souvenez-vous de l'image du patineur qui tourne plus vite en ramenant ses bras vers lui), la Lune en gagne alors que la Terre en perd. Cet effet est minuscule mais il est perceptible.

La Lune s'éloigne de nous de quatre centimètres par an.

La taille de la Lune n'est pas toujours facile à évaluer. Nous avons tous vu la Lune paraître bien plus grosse qu'habituellement (même si elle n'est pas aussi ridiculement grande que dans les films Hollywoodiens). C'est plus un effet psychologique que physique. Sa taille visible ne change pas, mais comme nous l'évoquerons plus tard, l'image que l'on voit du monde à travers nos yeux est une construction hautement artificielle. La meilleure hypothèse pour expliquer les **variations de taille** de la Lune est que nous avons tendance à penser qu'elle est plus grosse quand elle est proche d'objets physiques dont on connait la taille, c'est-à-dire quand la Lune est proche d'un immeuble ou d'un arbre par exemple. En théorie, notre **cerveau** sait que ces éléments sont relativement proches, donc il suppose que la Lune est également bien plus proche.

Nous sommes vraiment très forts pour **relier** des choses particulièrement éloignées l'une de l'autre. Lorsque l'on regarde les étoiles, on imagine qu'elles forment des constellations, des formes qui relient ces points pour faire apparaître le squelette d'une image, alors qu'en réalité rien ne les relie. Il vous suffit de regarder la **constellation du Centaure** dans le ciel austral. Son étoile la plus brillante, **Alpha Centauri**, est l'une des plus proches de la Terre alors qu'elle se situe à quatre années-lumière ! La deuxième plus brillante de la constellation, Beta Centauri ou **Agena**, est à 190 années-lumière de là, elle est plus de 45 fois plus loin ! On associe par erreur deux objets qui sont séparés par 1 797 552 000 000 000 de kilomètres…

Notre propre étoile est plus proche d'Alpha Centauri que ne l'est Agena, et pourtant on envisage mal d'associer le Soleil et Alpha Centauri. Alpha et Beta Centauri ne sont pas plus connectées que Houston et Le Caire ne le sont par leur latitude. Nos yeux et notre cerveau, en cherchant des structures dans la myriade de points qui clignotent dans le ciel, ne font que nous **duper** en trouvant des motifs.

EXPÉRIENCE

QUELLE TAILLE FAIT LA LUNE ?

Voici une chance de voir si votre cerveau vous trompe sur la taille visible de la Lune. Sans regarder (si vous pouvez voir la Lune), devinez quelle taille de pièce tenue à bout de bras, serait équivalente à la taille de la pleine Lune.

Si vous pouvez observer une pleine Lune, ou la prochaine fois qu'elle se présentera, essayez.

Vous verrez qu'aucune pièce n'est aussi petite que la taille visible de la Lune. Une meilleure approximation de la taille peut être faite avec le trou d'une feuille perforée tenue à bout de bras. Il est vraiment petit mais notre cerveau nous trompe. C'est pourquoi lorsque vous prenez une photo où la Lune apparait, elle est généralement décevante. Sur la photo, notre cerveau ne nous trompe pas.

Vous pouvez estimer cette taille visible avec notre technique d'estimation des distances. La Lune fait environ 3 500 kilomètres de diamètre et se trouve à environ 380 000 kilomètres. Pour évaluer sa taille en millimètres à 75 centimètres de vos yeux, il faut mettre la taille de la Lune en millimètres et la distance en mètres, puis multiplier par 0,75. Donc le diamètre apparent de la Lune à bout de bras est $0{,}75 \times 3\,500 \times 1\,000 \times 1\,000/380\,000 \times 1\,000 = 6{,}9$ millimètres. Comme les trous de perforatrice font 5 millimètres de diamètre, ce n'est pas une mauvaise approximation.

Les changements de visage de l'Homme dans la Lune

Si la Lune est visible de votre fenêtre, elle peut être en forme de **croissant**. Cet effet provient du positionnement relatif de la Lune par rapport au Soleil. D'abord ne pensez qu'à la Lune et à la Terre. À n'importe quel moment, environ la **moitié des Terriens** devrait pouvoir voir la Lune, mais en plein jour elle brille si faiblement comparée au Soleil (sa lumière est environ 300 000 fois moins forte que celle du Soleil) que l'on est souvent dans l'impossibilité de la voir.

La lumière de la Lune n'est qu'un **reflet** de la lumière du Soleil. Non pas que la Lune soit un bon réflecteur, sa coloration est généralement d'un gris assez foncé, mais la lumière du Soleil est si puissante et le ciel nocturne si sombre qu'elle apparaît très lumineuse. Le fait que cette lumière soit réfléchie est la raison pour laquelle nous voyons la Lune sous **différentes formes ou phases**.

EXPÉRIENCE

LES PHASES DE LA LUNE

Il est plus simple de comprendre comment les phases de la Lune se produisent en utilisant des objets. L'idéal est de se trouver dans une pièce sombre, d'utiliser une lampe de poche pour faire le Soleil et une balle de tennis pour la Lune qui tourneront autour de vous (vous représenterez la Terre). Ce n'est pas très pratique en avion, mais il est possible de comprendre le concept en utilisant trois objets, comme des tasses, des bouteilles ou des gobelets sur la tablette devant vous.

Placez un objet au fond de la table qui représentera le Soleil. Placez un deuxième objet au bord de la table près de vous qui représentera la Terre. Maintenant, faites tourner un troisième objet, la Lune, en orbite autour de la Terre. Pendant qu'il tourne, imaginez la lumière du Soleil qui

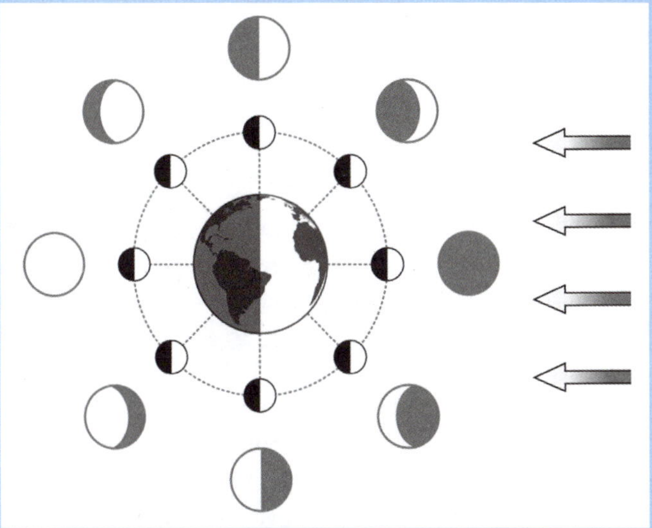

Figure 32 | Les phases de la Lune lors de son déplacement autour de la Terre.

l'atteint, et quelle partie illuminée vous pourrez voir depuis la Terre. Quand la Lune est directement entre vous et le Soleil, la zone illuminée sera à l'arrière de celle-ci, ce qui la rend invisible : ce sera une « nouvelle lune » noire. Sa moitié est toujours illuminée, mais c'est le côté opposé, que l'on appelle souvent incorrectement le côté sombre de la Lune. Tandis qu'elle tourne, vous verrez d'abord une petite parcelle éclairée, jusqu'à ce qu'elle le soit dans sa totalité : c'est la pleine lune. Puis la partie éclairée diminue à nouveau jusqu'à retourner au point de départ.

Vous vous demandez peut-être pourquoi il n'y a pas d'éclipse solaire à chaque **nouvelle lune**, et une éclipse lunaire (où l'ombre de la Terre recouvre la Lune) à chaque **pleine lune**. C'est parce que la Lune ne se déplace pas autour de la Terre selon une orbite alignée à celle de la Terre autour du Soleil. Tandis que la Lune part d'un côté, on voit généralement une pleine lune quand la Lune est du **côté opposé** au Soleil par rapport à la Terre.

Une **éclipse de Lune** est observable par la moitié des habitants de la planète, partout où il fait nuit contrairement à une éclipse solaire qui ne peut être observée que sur une petite bande à la surface de la Terre. De plus, les éclipses lunaires sont largement plus fréquentes, il y en a généralement deux par an. Pendant une éclipse lunaire, la Lune ne devient pas complètement sombre mais prend plutôt une forte **coloration rouge**, car la lumière du Soleil traverse l'atmosphère de la Terre et est déviée, tout comme la lumière l'est lorsqu'elle passe à travers un prisme. La lumière rouge est moins dispersée par l'atmosphère, et selon le même principe qui rend le ciel bleu, la Lune apparaît rouge.

Les éclipses lunaires, où l'ombre de la Terre recouvre la Lune, se produisent bien plus souvent que les éclipses solaires (car l'ombre de la Terre est bien plus grande comparée à la Lune que l'ombre de la Lune comparée à la Terre).

Bienvenue dans la galaxie

Il est possible que de votre hublot, vous puissiez contempler ce qu'il est de plus en plus difficile d'observer depuis le sol en raison de la pollution lumineuse : la **Voie lactée**. C'est une bande courbée de lumière assez faible qui traverse une grande partie de l'étendue du ciel. La Voie lactée est ce que l'on peut voir de **notre propre galaxie**. Vous pouvez imaginer toute la galaxie comme étant un disque avec

La Voie lactée mesure environ 100 000 années-lumière de diamètre, environ 1 000 années-lumière d'épaisseur, et elle regroupe au moins 100 milliards d'étoiles ou peut-être même deux ou trois fois plus.

une bosse en son centre. Si vous pouviez la regarder du dessus, elle ressemblerait davantage à une **spirale**, mais nous la voyons de côté depuis notre position dans l'un des bras de la spirale, et la partie visible de ce disque forme la Voie lactée.

Comme vous pouvez l'imaginer, **compter les étoiles** à l'échelle de la Voie lactée n'est pas très facile, il nous faut donc nous contenter d'estimations. Bien qu'il s'agisse d'une échelle immense, cela donne à réfléchir (à plus forte raison quand vous observez l'obscurité depuis le petit îlot de lumière qu'est votre avion) quand on pense qu'il y aurait au moins **150 milliards de galaxies** dans la partie de l'Univers que nous voyons. Il y en a peut-être davantage mais comme la lumière voyage à une vitesse limitée et que l'Univers n'a pas toujours existé, on ne peut pas voir au-delà.

La fantaisie des lampadaires

Si vous arrivez à destination pendant la nuit, l'une des vues les plus spectaculaires sera sûrement celle qui vous accueille lors de votre **descente** vers le sol. Les lampadaires peuvent être gênants pour observer les étoiles, mais en eux-mêmes, ces banals éléments du mobilier urbain peuvent créer des **vues incroyablement belles** depuis le ciel.

EXPÉRIENCE

UN DÉNOMBREMENT DE L'ÉCLAIRAGE

De manière totalement arbitraire, dans les villes des pays industrialisés, il y a environ un lampadaire pour dix à vingt personnes. Quand vous descendez vers une ville, prenez un petit carré et évaluez le nombre de fois où l'on peut mettre ce carré dans la totalité de la ville illuminée. Ensuite, comptez approximativement le nombre de lampadaires présents dans votre carré et multipliez par dix pour une estimation plus faible, et doublez pour une estimation plus forte.

Donc par exemple, si votre carré peut être mis dix fois dans une direction et quinze fois dans l'autre, il vous faudra donc 150 carrés pour recouvrir la ville. Admettons que vous ayez compté 50 lampadaires dans le carré. Cela fera donc 150 × 50 = 7 500 lampadaires au total. La population comptera donc probablement entre 75 000 et 150 000 habitants.

L'œil étonnant

À présent vous descendez, et s'il fait jour, vous pourrez peut-être voir certains aspects décrits précédemment dans ce livre. S'il fait nuit, les lumières dans la cabine seront diminuées. C'est une mesure de précaution, au cas où vous devriez évacuer l'avion rapidement, pour s'assurer que **vos yeux** se soient habitués à un environnement peu lumineux. Lors d'une nuit bien claire, l'œil peut repérer la flamme d'une bougie à 16 kilomètres. S'il faisait assez sombre et avec des fenêtres claires, vous pourriez facilement voir une bougie au sol depuis votre altitude de croisière. Il suffit de cinq ou six photons de lumière pour générer une réponse. Malheureusement, du fait de la **pollution de l'air et lumineuse**, il n'y a que peu d'endroits sur Terre où l'on puisse utiliser ses capacités pleinement.

L'œil humain est un instrument dont la capacité d'adaptation est remarquable.

Le mécanisme de l'œil est assez impressionnant. Nous avons quatre différents types de **capteurs** dans l'œil, dont l'un d'eux, les bâtonnets, ne perçoit que le noir et le blanc. Il y a environ 120 millions de ces **bâtonnets** qui sont considérablement plus sensibles que les trois types de cônes (7 millions en tout) et qui perçoivent les couleurs. Quand le niveau de lumière est bas, les **cônes** s'éteignent et nous laissent avec une vue en nuances de gris. Si vous ne le croyez pas, essayez quand vous serez chez vous. Assombrissez une pièce du mieux que vous pouvez, puis laissez entrer le plus petit filet de lumière possible. Vous ne serez pas capable de dire de quelles couleurs sont les objets dans la pièce.

Les cônes détecteurs de couleurs sont généralement regroupés près du centre du **champ de vision** de l'œil. Si la lumière est faible, vous verrez mieux les choses si vous ne les regardez pas directement. Ainsi les bâtonnets supplémentaires à la **périphérie** de votre œil peuvent entrer en action. On pense qu'ils sont là pour nous aider à repérer les prédateurs qui nous guettent dans l'obscurité.

Quand suffisamment de photons sont captés par un cône ou un bâtonnet, chacun génère un **petit signal**. Ces signaux sont prétraités dans l'œil. Il y a moins de connections dans le nerf optique qui relie l'œil au cerveau que de cônes et de bâtonnets. Les signaux combinés sont transmis par le nerf optique et stimulent des zones du cerveau. La plupart des signaux de l'œil gauche vont à l'hémisphère droit du **cerveau**, et ceux de l'œil droit vont à l'hémisphère gauche, bien que certains ne fassent pas ce changement pour aider notre cerveau à construire une image en 3D.

Construire une image du monde

Le **cerveau** possède différents modules qui perçoivent les formes, les bords, l'ombre et les autres aspects de la nature visuelle des objets que nous voyons. À partir des informations que ces processeurs naturels génèrent, le cerveau construit une **image artificielle** du monde extérieur. Il est important de réaliser que ce que nous voyons est en fait factice. C'est pourquoi les **illusions d'optique** fonctionnent. Quand vous en regardez une, le mécanisme de votre cerveau qui construit une image est trompé. La combinaison œil/cerveau n'est pas comme une caméra qui se contente d'enregistrer ce qui atteint les capteurs, le cerveau invente quand c'est nécessaire.

S'il ne le faisait pas, nous aurions quelques problèmes. À l'endroit où le nerf optique rejoint l'arrière de l'œil, il existe un **point aveugle** qui crée une zone dans votre champ de vision où vous ne voyez rien. Le cerveau remplit cette zone par des suppositions. De la même manière, vos yeux font constamment de petits mouvements rapides appelés **saccades oculaires**. Pour le cerveau, c'est l'un des moyens de combler le point aveugle et d'effacer ces mouvements pour laisser une vision stable.

Toutes ces actions faites par le cerveau vous permettent de regarder un film sur l'écran intégré au siège de l'avion. La télévision et le cinéma projettent une série **d'images fixes**. Pendant longtemps, on a supposé que c'était la persistance rétinienne qui nous faisait croire que ces images bougeaient (vous trouverez encore cette explication dans plusieurs livres et sites Internet). Ce sont des sornettes. Non seulement **l'œil est trop lent** dans ses réponses pour pouvoir construire une image de cette manière, mais en plus, si l'image fixe persistait, il en résulterait un beau désordre et pas un mouvement. Au lieu de cela, c'est la façon dont l'œil construit une fausse vision en utilisant ces différents modules qui lui permettent d'être dupé par une série d'images fixes et d'interpréter un mouvement.

Les grands yeux

L'iris de l'œil (la partie colorée) possède deux types de muscles : les muscles sphincters (ceux qui font rétrécir la pupille sombre au centre) se relâchent, tandis que les muscles dilatateurs (ceux qui écartent les bords de la pupille pour l'ouvrir) se contractent.

Réduire la lumière de la cabine permet à l'œil de réagir à des conditions de faible luminosité. Ainsi, l'ouverture qui permet à la lumière d'entrer dans l'œil devient plus grande. Ce qui peut prendre une ou deux secondes avant qu'il n'atteigne son ouverture maximale.

Au même moment, les structures de traitement dans le cerveau se recalibrent pour pouvoir manier **la lumière plus faible**. L'une des manières qu'utilise notre cerveau pour nous tromper, est de fluidifier les variations d'intensité lumineuse. Si vous sortez tôt le matin ou au crépuscule, vous verrez peut-être des éclairages à détecteurs de mouvements s'allumer alors que le niveau de lumière semble bon. En effet votre combinaison œil/cerveau compense et vous empêche de réaliser à quel point la lumière est faible.

De la même manière, si vous êtes dans une pièce éclairée par l'électricité et que vous sortez à l'extérieur un jour de beau temps, il ne semble pas faire plus clair, ou peut-être seulement deux ou trois fois plus. En réalité, la **lumière du Soleil** peut être 100 fois plus claire que l'éclairage intérieur. C'est pourquoi quand vous utilisez une caméra vidéo, l'image brille jusqu'à devenir presque invisible quand vous sortez de la pièce, du moins jusqu'à ce que l'électronique de l'appareil puisse compenser. La **caméra** n'est pas aussi douée que notre alliance œil/cerveau pour gérer les variations d'intensité lumineuse.

Souvenez-vous que la lumière de la pleine lune est 300 000 fois plus faible que celle du Soleil. S'il fait plutôt sombre dehors, vos yeux apprécieront toute l'aide que l'on peut leur apporter pour s'adapter aux conditions extérieures et **tamiser l'éclairage** de la cabine rend cette adaptation plus simple.

Premier contact avec la piste

Quand **l'avion atterrit**, un nuage de fumée s'échappe des roues tandis que le frottement enlève une fine pellicule de la surface des pneus.

Nous avons tendance à ignorer le frottement dans la physique du mouvement, mais dans la réalité, on l'ignore à nos propres risques. Le **frottement** a ses bons côtés. Imaginez qu'il n'y ait pas de frottement. Vous ne pourriez pas attraper des objets, ils glisseraient tout le temps entre vos doigts. Imaginez la savonnette la plus glissante et multipliez la difficulté que vous avez à l'attraper. Bien qu'en principe il devrait être simple de faire glisser des objets sur le sol sans frottement, il n'y aurait rien pour garder vos pieds en place. **L'action et la réaction** de la troisième loi de Newton implique que vous partiriez en arrière si vous tentiez de pousser quelque chose vers l'avant.

Une grande partie du frottement est **électromagnétique**. Comme nous l'avons vu, les atomes qui constituent les objets sont faits d'un noyau chargé positivement et d'électrons négatifs, qui forment un nuage de charge autour du noyau. Ces charges interagissent quand deux objets sont approchés l'un de l'autre. C'est comme cela que vous pouvez vous asseoir sur votre siège dans l'avion.

En pratique, bien entendu, le frottement existe. Il est en partie physique, lorsque de petites irrégularités sur une surface s'emboîtent dans les bosses et les trous d'une autre surface comme les roues d'un engrenage.

Pensez-y, les objets « solides » sont majoritairement de l'espace vide. Ils sont faits d'atomes avec beaucoup d'espace entre eux, et les atomes eux-mêmes sont principalement du **vide**. Le noyau chargé positivement au centre de l'atome est vraiment minuscule comparé à la taille de l'atome dans son ensemble. Proportionnellement, il fait la taille d'une mouche par rapport à un immeuble de 40 m de haut. Les électrons sont encore plus petits et ne cessent de bouger ; ils existent dans un nuage de probabilité autour du noyau. Si ce n'était les **charges électriques** des différents constituants de l'atome, rien ne vous empêcherait de sombrer dans votre siège.

En pratique, les électrons à l'extérieur du siège repoussent les électrons à l'extérieur de votre corps. Vous ne touchez en fait jamais réellement le siège, vous **flottez** sur un nuage de répulsion.

S'il ne se passait rien d'autre, vous seriez quasiment libéré du frottement. Mais quand il y a un gros nuage d'électrons sur un atome, il peut repousser les électrons d'un autre atome hors de son chemin, ce qui laisse plus de charges positives auxquelles il peut s'accrocher. C'est cette attraction électromagnétique qui est **responsable** du frottement, un peu comme quand les bouts de papier se collaient au stylo ou au peigne lors de l'expérience sur l'électricité statique.

Pour vaincre **l'aspect collant** du frottement, il nous faut mettre de l'énergie dans ce que l'on veut faire bouger, énergie principalement convertie en chaleur. Vous pouvez le sentir quand vous vous frottez les mains vigoureusement.

Quand les pneus d'un avion touchent le tarmac, ils gagnent de l'énergie qui vient à la fois de la collision et du frottement sur la surface. Cette énergie finit majoritairement en chaleur, qui élimine une fiche couche externe du pneu et produit ce fameux petit nuage de fumée.

Les derniers pas

Le voyage touche à sa fin. Avec un peu de chance, ce livre vous l'aura rendu plus court et plus intéressant. Il est facile de qualifier la science de « trucs pour intellos », mais elle devrait être excitante pour une **meilleure compréhension** de l'Univers, que ce soit à l'échelle des étoiles et des galaxies ou des objets du quotidien qui nous entourent.

Vous aurez peu de chances d'observer autant de science en action que depuis le siège de votre avion. En alliant ce que vous voyez par la fenêtre et ce qui se passe autour de vous, tout depuis la physique quantique et la relativité jusqu'à la formation des rivières et le fonctionnement de l'œil entre en jeu.

Avec la science comme guide, votre quotidien ne vous apparaîtra plus jamais si ordinaire…

Crédits photographiques

Photo	Source
3.	Press Association
5.	Roland Kremer (http://commons.wikimedia.org/wiki/ File:Goldhofer-tug-at-zurich-airport.jpg)
8.	Press Association
9.	Press Association
10.	Sarah Smith (www.redlandsairfield.co.uk)
12.	Sarah Smith (www.redlandsairfield.co.uk)
13.	Steve Hillebrand, US Fish and Wildlife Service (http:// commons.wikimedia.org/wiki/File:Alatna.jpg)
14.	Sarah Smith (www.redlandsairfield.co.uk)
15.	Ester Inbar (http://commons.wikimedia.org/wiki/ File:Manhattan02_ST_07.JPG)
16.	Vincent Vanderveken (http://vincentvanderveken.com/)
18.	NASA (http://commons.wikimedia.org/wiki/ File:Ganges_ River_Delta,_Bangladesh,_India.jpg)
20.	Simisa (http://commons.wikimedia.org/wiki/ File:Greater_ Cape_Town_12.02.2007_16-05-31.2007_1605-33.JPG)
22.	Jeff Briggs (www.cloudappreciationsociety.org)
23.	Richard Ghorbal (www.cloudappreciationsociety.org)
24.	C. Clark (http://commons.wikimedia.org/wiki/ File:Lightning_NOAA.jpg)
25.	Aldo Bien (http://commons.wikimedia.org/wiki/ File:Ilha_ do_Fogo_aerial_shot_1.jpg)
26.	Air Canada (www.aircanada.com)
28.	Brandrodungswanderfeldhackbau (http://commons. wikimedia.org/wiki/File:787-flight-deck.jpg)

30. Pipimaru (http://commons.wikimedia.org/wiki/ File:Himalayan_mountains_from_air_001.jpg)
31. A013231 (http://commons.wikimedia.org/wiki/ File:Solar_ annular_eclipse_of_January_15,_2010_in_ Jinan,Republic_ of_China.JPG)

Dessins réalisés par Nick Halliday (info@ hallidaybooks.com).

Achevé d'imprimer en France par Présence Graphique
2, rue de la Pinsonnière - 37260 Monts
N° d'imprimeur : 081345779

Dépôt légal : août 2013